乙種第4類

危険物取扱者試験

問題集

完全攻略

つちや書店編

つちや書店

危険物取扱者の資格を目指す方へ

　危険物取扱者は、消防法にもとづいて設けられた国家資格です。

　危険物取扱者とはどのような資格なのでしょうか。

　まず初めに、「危険物とは何か」を知るところから始めましょう。

　危険物とは、火災の発生または拡大の危険性が大きいものや、消火の困難性が高いものと、消防法で定められています。

　危険物を取り扱うにあたって安全確保のためには、やはり危険物の取り扱いについて正しい知識を持つことが必要不可欠です。そして、正しい知識を有しているということを証明するための試験に合格した人に、危険物取扱者の免状が交付されるのです。

　危険物取扱者が行うことのできる業務には、引火性または発火性の物品（危険物）を一定量以上貯蔵、または取り扱う製造所・貯蔵所・取扱所において、自ら作業を行うか、他人が行う作業に立ち会うことまで幅広くあります。

　日常的によく見る例を挙げると、「危険物を運ぶタンクローリーにおいては危険物取扱者の資格を持っている人が運転または同乗しなければならないこと」や、「ガソリンスタンドでの給油作業は甲種、乙種の免状を持っている人が立ち会っている場合に限る」などのことが、法律で決められているのです。

　免状を持っていると就職でも有利になることが、以上からも歴然としていますが、受験者数のデータもそれを証明しています。

　その数、なんと1年間で30万人以上（2022年度）。簿記（日商簿記検定）よりは少ないですが、宅建（宅地建物取引主任者）と比べても1.5倍近いのです。

　これほど多くの人が受験しているという事実から見ても、受験を目指すあなたの選択は、正しいといえるでしょう。

CONTENTS 目次

● 受験ガイド

1 受験資格

乙種・丙種には資格・条件はないため、だれでも受験できます。

2 受験手続き

受験申請の方法は、書面申請とインターネットでの電子申請の2通りです。ただし、書面申請と電子申請では、受付期間が異なりますので注意が必要です。

書面申請の場合、必要な書類は、一般財団法人消防試験研究センターの中央試験センターおよび各道府県支部で受け取れます。都道府県によっては、消防署にも用意してあります。

申請に必要な書類は、以下のものです。

①受験願書

②郵便振替払込受付証明書(受験願書添付用)

③試験免除を受ける場合は、免除の条件を満たしていることを証明するもの

これらを、書類を受け取ったところに郵送または持参してください。受験票は、試験日の約1週間から10日前までに届きます。

なお、受験手続きは、都道府県によって違う場合がありますので、確認する必要があります。

> 一般財団法人消防試験研究センター　中央試験センター
> 〒151-0072　東京都渋谷区幡ヶ谷1−13−20
> 電話　03−3460−7798
> https://www.shoubo-shiken.or.jp/

電子申請の場合、上記の公式ホームページまたはURLから「インターネットによる受験申請」を選ぶと、電子申請の申し込み画面へと移動します。

試験当日、写真(縦4.5cm×横3.5cm、受験日前6か月以内に撮影したもの)を貼付した受験票を持参します。

5

3 試験内容

試験形式は筆記試験です。マークシート方式で解答します。乙種は五肢択一問題が計35問出題されます。

●試験科目 〈試験時間は2時間〉

①危険物に関する法令	15問
②基礎的な物理学および基礎的な化学	10問
③危険物の性質ならびにその火災予防および消火の方法	10問

●合否基準

それぞれの科目で、60％以上の正解率が必要になります。

なお、乙4以外の類の危険物取扱者資格および火薬類製造保安責任者、火薬類取扱保安責任者などの資格を持つ場合や、消防団員として5年以上勤務し消防学校で所定の教育を修了している場合は、試験の一部免除があります。

●試験日

前期（4月〜9月）、後期（10月〜3月）に分かれており、それぞれ試験会場ごとに1回〜数回の試験が実施されます。東京都の場合は実施回数が多く、半期に25回程度、他府県の場合は、1〜10回程度です。

●受験申込期間

試験日の1〜2か月前の約1週間（試験会場により異なる）

●合格発表

試験日の約1か月後（試験会場により異なる）

●受験料

4,600円（乙種）

4 目指す「乙種第4類危険物取扱者」とは

危険物取扱者は、取り扱うことのできる危険物の範囲で、甲種・乙種・丙種の3ランクに分かれています。

乙種は、危険物の種類が6つに区分されていて、それぞれ別個に試験が行われます。業務は、そのうち、試験に合格した種類のものについてのみ行うことができます。あなたが目指す乙種第4類が取り扱えるのは、「引火性液体」です。具体的には、特殊引火物、第1石油類、アルコール類、第2石油類、第3石油類、第4石油類、動植物油類です。

本書を活かした勉強術

受験手続きを済ませたら、試験は受けられることになります。

しかし、合格できる実力を身につけるためには、どうすればよいのでしょう。

第1に大切なのは、受ける試験がどういうものなのか、実際の姿を知る必要があります。第2に大切なのは、その実態に応じた勉強法を採用することです。

まず、最初の実態ですが、受験者が多い試験であることは先に述べました。では難易度、つまり合格しやすさはどうでしょう。

合格率は、30％〜35％くらいです。この本の問題をすでに解かれた方は合格率が低いことに驚くかもしれません。というのは、問題がわりあい簡単なのに、思ったより合格率が高くないからです。

理由は、2つ考えられます。

1つは、この試験に受験資格はなく、都道府県によって異なりますが年間で実施される回数が多いため、受験自体へのハードルがあまり高くないことが挙げられます。人によってはあまり勉強しないで受験日当日を迎える、そして複数回受験して合格するという場合もあるようです。

もう1つの理由は、3つの試験科目それぞれで60％以上の正解率が必要になること。たとえば、第2科目の物理と化学でつまずいてしまう人もいます。職業的には化学工場やガソリンスタンドに勤務している社会人でも、すべての人が理系科目が得意とは限りませんよね。問題数が10問しかないため6問の正解がボーダーラインですが、文系に強い人にとっては、荷の重い科目です。

しかし、そうした事情を知れば、決して難しい試験ではありません。とはいえ、普段学校の勉強もある学生さんや仕事をしている社会人のみなさんが少ない労力で合格するためには、どんな勉強法がいいのでしょう。

その1つに、問題集を軸にすえた「問題集中心のスピード勉強法」があります。用意する参考書は、2冊のみ。まずは、要点を網羅した薄型の問題集を用意します。これが勉強の中心です。2冊目のサブとして、テキスト(内容を解説した教科書風の参考書)をそろえます。

勉強の進め方は、テキストを深く読みこまずに問題を解いてみましょう。すると、中には正解する問題もあるでしょう。正解した問題は、解答／解説を読んで、それで終了です。

　では、正解しなかった問題は？　「ああ、ダメだった。難しいな」とつぶやき、そのまま放置せず、その問題だけは、テキストで勉強し直すのです。該当するページを探り出し、その周辺知識を読むことによって、内容を理解します。そのうえで、もう一度問題を解いてみると、容易に正解がわかるでしょう。それだけでなく、なぜ、その答えになるかという理由もわかるようになります。

　なお、該当ページをすばやく見つけだす方法があります。それは、テキストの目次をコピーして、勉強している問題集の脇に用意しておくのです。問題集による勉強法の欠点は、全体像をつかみにくいことです。しかし、この方法をとれば、知らず知らずのうちに全体像が頭に入っていきます。

　また、理系でなかった人は物理・化学に力を入れて勉強することをおすすめします。物理・化学の基礎から取り組み、最後に法令の暗記をするのがよいです。苦手だと思う科目は、あるいはテキスト⇒問題集という順序の方がよいかもしれません。この選択は、どのくらい苦手かによって判断してください。

資格試験は、楽しみながら勉強すると成功する

　日常の中で勉強にたくさんの時間を割いてしまうことは、多忙な人にとってイライラの元になってしまいます。勉強そのものに嫌気がさし、ギブアップする人もいるほどです。

　最後に、資格試験に合格する最大のポイントをお伝えしましょう。それは、試験の難しさを、実際以上に思い描いてしまわないことです。資格試験には、司法試験のようにとてつもない難関試験もあれば、実際に受けてみると、拍子抜けするほど簡単な試験もあり、種々様々です。

　ですから、あくまでも堅苦しく考えずポジティブシンキング（物事を楽観的に考える思考法）で、勉強も、「ここは当たった、ラッキー！」「残念！ハズレ」などと、声にだして楽しみながら、ゲーム感覚で進めましょう。脳トレと同じで、知らないうちに実力がついてきます。この問題集は、そんなツールとしてお使いいただければ幸いです。

　では、みなさまが無事、合格の栄冠に輝くことをお祈りして──（編者より）。

問題 1

危険物に関する法令

問 1 消防法上で定める危険物の定義について、次のうち正しいものはどれか。

(1) 政令で定める指定数量以上のもののみを危険物という。
(2) 危険物は、第1類から第6類までの6つの性質に分類されている。
(3) 危険物は、甲種、乙種、丙種に分類されている。
(4) 消防法別表では、指定数量についても定めている。
(5) 引火または着火しやすい固体、液体または気体が危険物である。

問 2 消防法に定める各類の危険物とその性質の組み合わせとして、次のうち誤っているものはどれか。

(1) 第1類 ── 酸化性液体
(2) 第2類 ── 可燃性固体
(3) 第3類 ── 自然発火性物質および禁水性物質
(4) 第4類 ── 引火性液体
(5) 第5類 ── 自己反応性物質

問 3 消防法別表における性質と品名の組み合わせとして、次のうち誤っているものはどれか。

性　質	品　名
(1) 酸化性固体 ────────	塩素酸塩類
(2) 可燃性固体 ────────	硫化リン
(3) 自然発火性物質および禁水性物質 ──	カリウム
(4) 引火性液体 ────────	アルコール類
(5) 自己反応性物質 ───────	過塩素酸

問 4 危険物の類ごとに共通する性質の説明で、次のうち誤っている ものはどれか。

(1) 酸化性固体はそれ自体では燃焼しないが、他の物質を強く酸化させる 性質をもつ。

(2) 可燃性固体とは、火炎によって着火しやすい固体または比較的高温で 引火しやすい固体。

(3) 自然発火性物質および禁水性物質は、空気にさらされると自然発火し、 または水と接触すると発火や可燃性ガスを発生させる液体または固体。

(4) 液体で引火性のあるものが、引火性液体。

(5) それ自体は燃焼しないが、混在する他の可燃物の燃焼を促進する性質 のある液体が、酸化性液体。

問 5 第 4 類危険物の説明で、次のうち誤っているものはどれか。

(1) 引火性液体の危険物である。

(2) ほとんどが水より軽く、アルコール類を除いて主な物品は水に溶けな い(非水溶性)ものが多い。

(3) 品名は 8 つある。

(4) 第 1 石油類の主な物品としては、ガソリン、ベンゼン、アセトン、ト ルエンなどがある。

(5) 第 1 石油類、第 2 石油類、第 3 石油類は、水溶性液体と非水溶性液体 に分けられている。

問 6 第 4 類危険物の品名と主な物品の組み合わせとして、次のう ち正しいものはどれか。

品　名　　　　　　　　主な物品

(1) 特殊引火物 —— ギヤー油、シリンダー油

(2) 第 1 石油類 —— ガソリン、ベンゼン

(3) 第 2 石油類 —— 重油、クレオソート油

(4) 第 3 石油類 —— 灯油、軽油

(5) 第 4 石油類 —— ジエチルエーテル、二硫化炭素

問 7 次の説明文の（　　）内に当てはまる語句はどれか。

「第1石油類とは、ガソリン、ベンゼン、トルエン、ピリジンその他1気圧において引火点が（　　）のものをいう」

(1) 21℃未満
(2) 31℃未満
(3) 71℃未満
(4) 81℃未満
(5) 100℃未満

問 8 次の危険物のうち、水溶性液体はいくつあるか。

[アセトン、トルエン、ピリジン、灯油、キシレン、
氷酢酸、アクリル酸、アニリン、グリセリン]

(1) 2つ
(2) 3つ
(3) 4つ
(4) 5つ
(5) 6つ

問 9 第4類危険物の指定数量の説明で、次のうち誤っているものはどれか。

(1) 指定数量とは消防法の適用を受ける基準となる量である。
(2) 消防法第9条の4で、「危険物についてその危険性を勘案して政令で定める数量」と規定されている。
(3) 危険性が高ければ指定数量は大きくなる。
(4) 第2石油類の水溶性液体と第3石油類の非水溶性液体の指定数量は同じである。
(5) 第4類の指定数量の単位はLである。

問 10 第４類危険物の指定数量の説明で、次のうち誤っているものはどれか。

(1) すべての品名の性質は、水溶性と非水溶性に分けられている。

(2) 特殊引火物、アルコール類、第４石油類、動植物油類は、水溶性、非水溶性の区別はない。

(3) 第２石油類の水溶性液体と第３石油類の非水溶性液体の指定数量は、同一である。

(4) 特殊引火物の指定数量は50Ｌである。

(5) 第１石油類の水溶性液体とアルコール類の指定数量は、両方とも400Ｌである。

問 11 Ａ、Ｂ、Ｃのそれぞれに異なる危険物を同一の場所で貯蔵する場合、指定数量の倍数を算出する計算式で正しいものはどれか。

(1) $\dfrac{\text{Aの指定数量}}{\text{Aの貯蔵量}} + \dfrac{\text{Bの指定数量}}{\text{Bの貯蔵量}} + \dfrac{\text{Cの指定数量}}{\text{Cの貯蔵量}}$

(2) $\dfrac{\text{Aの貯蔵量}}{\text{Aの指定数量}} + \dfrac{\text{Bの貯蔵量}}{\text{Bの指定数量}} + \dfrac{\text{Cの貯蔵量}}{\text{Cの指定数量}}$

(3) $\dfrac{\text{Aの貯蔵量}}{\text{Aの指定数量}} \times \dfrac{\text{Bの指定数量}}{\text{Bの貯蔵量}} \times \dfrac{\text{Cの貯蔵量}}{\text{Cの指定数量}}$

(4) $\dfrac{\text{Aの貯蔵量} + \text{Bの貯蔵量} + \text{Cの指定数量}}{\text{Aの指定数量} \times \text{Bの指定数量} \times \text{Cの貯蔵量}}$

(5) $\dfrac{\text{Aの指定数量} + \text{Bの貯蔵量} + \text{Cの貯蔵量}}{\text{Aの貯蔵量} + \text{Bの指定数量} + \text{Cの指定数量}}$

問 12 危険物の品名、性質、指定数量の組み合わせとして、次のうち誤っているものはどれか。

	品名	性質	指定数量
(1)	第1石油類 ——	非水溶性液体 ——	200 L
(2)	第1石油類 ——	水溶性液体 ———	400 L
(3)	第2石油類 ——	非水溶性液体 ——	1,000 L
(4)	第2石油類 ——	水溶性液体 ———	3,000 L
(5)	第3石油類 ——	非水溶性液体 ——	2,000 L

問 13 アセトアルデヒド1,000 L、ガソリン2,000 L、軽油3,000 L、重油4,000 L を貯蔵する場合、その指定数量の倍数で正しいものはどれか。

(1) 15倍

(2) 25倍

(3) 35倍

(4) 38倍

(5) 45倍

問 14 同一の貯蔵所で40 L 缶入り灯油を20本貯蔵している場合、指定数量の倍数はどれか。

(1) 0.4倍

(2) 0.8倍

(3) 2倍

(4) 4倍

(5) 16倍

問 15 法令上、第4類の灯油500Lを貯蔵している場所と同一の場所に、次の危険物を貯蔵する場合、指定数量以上となるものはどれか。

(1) ガソリン 50L
(2) エタノール 200L
(3) 灯油 400L
(4) 重油 500L
(5) ギヤー油 1,500L

問 16 法令上、次の危険物を同一場所に貯蔵する場合、指定数量の倍数が最も大きくなる組み合わせはどれか。

(1) メタノール 200L、灯油 1,000L
(2) 灯油 500L、重油 2,000L
(3) 特殊引火物 100L、軽油 100L
(4) ガソリン 100L、重油1,000L
(5) ガソリン 200L、動植物油類 10,000L

問 17 法令上、指定数量未満の危険物について、次のうち誤っているものはどれか。

(1) 貯蔵及び取り扱いの技術上の基準は、政令や規則で定められている。
(2) 貯蔵又は取り扱いの場所の位置、構造および設備の技術上の基準は、政令や規則で定められている。
(3) 運搬するための容器の技術上の基準は、政令や規則で定められている。
(4) 車両で運搬する場合において、当該車両に標識を掲げる義務はない。
(5) 車両で運搬する場合において、消火設備を備え付ける義務はない。

問 18 危険物施設の記述について、次のうち誤っているものはどれか。

(1) 危険物施設は、製造所、貯蔵所、取扱所の3つに区分され、さらに形態や設置場所によって12種類に細分化されている。

(2) 製造所とは危険物を製造する施設である。

(3) 危険物を貯蔵する貯蔵所は5種類に分類されている。

(4) 危険物を給油や販売・移送などに使用する施設を取扱所という。

(5) ガソリンスタンドは給油取扱所に分類される。

問 19 製造所等の区分の記述について、次のうち正しいものはどれか。

(1) 屋内の場所において危険物を貯蔵し、または取り扱う施設を屋内タンク貯蔵所という。

(2) 配管およびポンプ、ならびにこれらに付属する設備によって、危険物の移送の取り扱いを行う施設を移動タンク貯蔵所という。

(3) 一般取扱所とは、店舗において容器入りのままで販売するための危険物を取り扱う取扱所で、指定数量の倍数が15以下のもの。

(4) ボイラーで重油等を消費する施設を製造所という。

(5) 車両に固定されたタンクにおいて危険物を貯蔵し、または取り扱う施設を移動タンク貯蔵所という。

問 20 製造所等の区分の記述について、次のうち誤っているものはどれか。

(1) 第2種販売取扱所とは、店舗において容器入りのままで販売するための取扱所で、指定数量の倍数が15を超え40以下のもの。

(2) 給油取扱所、販売取扱所、移送取扱所以外で危険物の取り扱いをする施設を一般取扱所という。

(3) 屋外にあるタンクにおいて危険物を貯蔵し、または取り扱う貯蔵所を屋外タンク貯蔵所という。

(4) 屋外貯蔵所は屋外において、特殊引火物、第1・2・3・4石油類、アルコール類、動植物油類を貯蔵し、または取り扱う。

(5) 給油取扱所とは、固定した給油設備によって自動車等の燃料タンクに直接給油するため、危険物を取り扱う施設。

問 21 屋外貯蔵所において、貯蔵できる危険物の組み合わせとして、次のうち誤っているものはどれか。

- (1) メチルアルコール、エチルアルコール
- (2) 灯油、軽油
- (3) 二硫化炭素、ガソリン
- (4) 重油、クレオソート油
- (5) ギヤー油、シリンダー油

問 22 製造所等を設置、または変更するときの許可権限について、次のうち誤っているものはどれか。

- (1) 消防本部、消防署を設置している市町村の区域（移送取扱所を除く）は、その区域の市町村長
- (2) 消防本部、消防署を設置している1つの市町村のみに設置される移送取扱所は、その区域の市町村長
- (3) 消防本部、消防署を設置していない市町村の区域（移送取扱所を除く）は、その区域の都道府県知事
- (4) 消防本部、消防署を設置していない市町村の区域または同一都道府県内の2つ以上の市町村にまたがる移送取扱所は、その区域の都道府県知事
- (5) 2つ以上の都道府県にまたがる移送取扱所は、それぞれの都道府県知事

問 23 製造所等を設置したとき、その使用開始が可能となる時期は、次のうちどれか。

- (1) 完成検査済証の交付後
- (2) 危険物の規制に関する政令に定める技術上の基準に適合するように、工事を実施し完了した後
- (3) 工事の完了を届出した後
- (4) 完成検査の申請書を提出した時点
- (5) 設置許可を受けた時点

問 24 製造所等の位置、構造または設備の変更を行う場合、次のうち正しいものはどれか。

(1) 製造所等の構造の変更についてのみ許可を受けなければならない。

(2) 製造所等の位置の変更のみ許可を受ける必要がある。

(3) 製造所等の位置、構造または設備を変更する場合は、いずれも変更の認可が必要となる。

(4) 製造所等の位置、構造を変更する場合に限って許可を受けなければならない。

(5) 製造所等の位置、構造または設備を変更する場合は、いずれも変更の許可を受けなければならない。

問 25 次の内容の手続きの組み合わせとして、誤っているものはどれか。

(1) 製造所等の設置 ── 許可

(2) 仮使用 ──────── 許可

(3) 製造所等の譲渡 ── 届出

(4) 予防規程の変更 ── 認可

(5) 用途の廃止 ───── 届出

問 26 次の届出先の組み合わせとして、正しいものはどれか。

(1) 製造所等の譲渡または引き渡し ── 都道府県知事

(2) 危険物の品名・数量または指定数量の倍数の変更 ── 都道府県知事

(3) 製造所等の廃止 ── 市町村長等

(4) 危険物保安監督者の選任・解任 ── 消防長

(5) 危険物保安統括管理者の選任・解任 ── 総務大臣

問 27 市町村長等に届け出なくてもよい手続きは、次のうちどれか。

(1) 製造所等の譲渡

(2) 製造所等の用途の廃止

(3) 危険物保安統括管理者の選任・解任

(4) 危険物保安監督者の選任・解任

(5) 危険物施設保安員の選任・解任

問 28 製造所等の位置や構造、設備の変更なしに、貯蔵または取り扱う危険物の品名・数量または指定数量の倍数の変更を行う場合の手続きとして正しいものはどれか。

(1) 変更しようとする日の10日前までに、所轄の消防長または消防署長の承認を得る。

(2) 変更後にその旨を市町村長等に届け出る。

(3) 変更しようとする日の10日前までに、その旨を市町村長等に届け出る。

(4) 変更しようとする日の10日前までに、市町村長等に許可申請をする。

(5) 変更をする場合はすみやかに、その旨を市町村長等に届け出る。

問 29 仮貯蔵、仮取り扱いできる場合の記述について、次のうち正しいものはどれか。

(1) 安全な場所であれば、許可なく仮貯蔵、仮取り扱いができる。

(2) 所轄消防長または消防署長の承認を受ければ、10日以内に限り仮貯蔵、仮取り扱いできる。

(3) 市町村長等の承認を受ければ、10日以内に限り仮貯蔵、仮取り扱いできる。

(4) 所轄消防長または消防署長の許可を受ければ、10日以内に限り仮貯蔵、仮取り扱いできる。

(5) 都道府県知事の承認を受ける必要がある。

問 30 製造所等の仮使用の説明について、正しいものはどれか。

(1) 完成検査に合格し、すでに使用している製造所等の一部を変更する場合、変更の工事を行わない部分の全部または一部については、市町村長等の承認を受けて仮に使用することをいう。

(2) 製造所等の設置工事において、工事終了部分の機械装置を完成前に試運転することを仮使用という。

(3) 製造所等を変更する場合、すでに工事が終了した部分について仮に使用することを仮使用という。

(4) 指定数量以上の危険物を10日以内の期間に限って仮に貯蔵することを仮使用という。

(5) 変更の工事を行わない部分の全部または一部について、所轄の消防長または消防署長の承認を受けて仮に使用することを仮使用という。

問 31 次のうち許可の取り消しの対象に該当しないものはどれか。

(1) 許可を受けずに製造所等の位置・構造または設備を変更したとき。

(2) 完成検査済証の交付を受ける前に製造所等を使用したとき。

(3) 定期点検の実施や記録の作成、保存がされていないとき。

(4) 製造所等の位置・構造・設備の措置命令に違反したとき。

(5) 危険物保安監督者を定めないとき。

問 32 次のうち使用停止命令にとどまらない場合があるものはどれか。

(1) 危険物に関する貯蔵や取り扱いの基準遵守命令にしたがわないとき。

(2) 保安検査を義務づけられている製造所等が保安検査を受けないとき。

(3) 危険物保安統括管理者を選任していないとき。

(4) 危険物保安監督者を選任していないとき。

(5) 危険物保安統括管理者または危険物保安監督者の解任命令に反して解任しないとき。

問 33 危険物取扱者について、次のうち正しいものはどれか。

(1) 危険物取扱者免状は、乙種と丙種の2つの種類に分かれている。

(2) 免状は、消防庁長官が交付する。

(3) 乙種危険物取扱者は、各類のうち指定数量の大きいものを取り扱うことができる。

(4) 丙種危険物取扱者が取り扱うことのできる危険物は、ガソリン、灯油、軽油のみである。

(5) 乙種危険物取扱者は、免状に記載された類の危険物について、危険物取扱者以外の者の取り扱い業務に立ち会うことができる。

問 34 危険物取扱者について、次のうち誤っているものはどれか。

(1) 丙種危険物取扱者は、指定されている危険物を取り扱うことができる。

(2) 甲種危険物取扱者は、すべての危険物を取り扱うことができる。

(3) 資格のない者は、甲種・乙種の危険物取扱者の立ち会いがなければ、危険物を取り扱うことができない。

(4) 乙種危険物取扱者は、甲種および丙種危険物取扱者が取り扱うことのできる以外のすべての危険物を取り扱うことができる。

(5) 免状を汚損した場合は、その免状の交付、または書き換えをした都道府県知事に免状の再交付を申請できる。

問 35 次のうち危険物取扱者でなければならないものは何人になるか。

危険物の製造所等の所有者、危険物保安統括管理者、
危険物保安監督者、危険物施設保安員、
移動タンク貯蔵所(タンクローリー)の運転者

(1) 1人

(2) 2人

(3) 3人

(4) 4人

(5) 5人

乙種第4類危険物取扱者について、次のうち誤っているものは
どれか。

(1) 乙種は第1類から第6類まで類ごとに免状があり、乙種第4類危険物
取扱者は第4類の危険物を取り扱うことができる。

(2) 特殊引火物、第1石油類、動植物油類の危険物は取り扱うことができる。

(3) 第4類の危険物の取り扱いの他に無資格者の立ち会いができる。

(4) 第4類の危険物のうち、非水溶性の危険物の取り扱いはできない。

(5) 6ヵ月以上の取り扱い実務経験があれば、第4類の危険物保安監督者
となることができる。

問 37 危険物取扱者免状の交付等について、次のうち誤っているもの
はどれか。

(1) 危険物取扱者試験に合格した者に対し、都道府県知事が交付する。

(2) 免状の交付を受ける場合は、当該試験を行った場所を管轄する都道府
県知事に申請する。

(3) 免状の汚損または破損により再交付申請する場合には、申請書のみを
提出すればよい。

(4) 免状を再交付する場合には、免状の交付または書き換えをした都道府
県知事へ申請する。

(5) 免状を亡失して再交付を受けた者が亡失した免状を発見した場合、10
日以内に再交付を受けた都道府県知事に亡失した免状を提出しなけれ
ばならない。

問 38 法令上、免状の書き換えについて、次のうち誤っているものは
どれか。

(1) 撮影後10年を経過している免状の写真は、書き換えの申請をしなけれ
ばならない。

(2) 本籍地の都道府県を変更する場合は、書き換えの申請をしなければな
らない。

(3) 現住所を変更するときは、書き換えの申請をしなければならない。

(4) 苗字が変わったときは、書き換えの申請をしなければならない。

(5) 書き換えの申請先は、免状を発行した都道府県知事、または居住地もしくは勤務地を統括する都道府県知事である。

問 39 法令上、危険物取扱者が免状を携帯しなければならないものは次のうちどれか。

(1) 製造所等で、危険物取扱者でない者が危険物を取り扱うのに立ち会うとき

(2) 製造所等で、定期点検を実施しているとき

(3) 免状を申請した都道府県でない勤務地で、危険物等を取り扱うとき

(4) 給油取扱所で、自動車等の給油作業に従事しているとき

(5) 移動タンク貯蔵所で、危険物等を移送しているとき

問 40 危険物取扱者が消防法などに違反した場合、免状の返納を命じることができるのは誰か。

(1) 総務大臣

(2) 消防庁長官

(3) 都道府県知事

(4) 市町村長

(5) 消防長または消防署長

問 41 危険物保安講習について、次のうち誤っているものはどれか。

(1) 受講義務のある危険物取扱者が保安講習を受講しなかった場合は、免状返納命令を受けることがある。

(2) 危険物保安講習を行う実施機関は、都道府県知事等である。

(3) 当該免状の交付を受けた都道府県、居住地または勤務地のある都道府県で受講しなければならない。

(4) 継続して危険物取扱作業に従事している者は、講習を受講した日以後最初の4月1日から3年以内ごとに受講しなければならない。

(5) 取得してから4年経過しているが、この間に危険物の取り扱いに従事していなければ講習を受ける義務はない。

問 42 危険物保安監督者に選任される資格を有する者は、次のうちどれか。

(1) 甲種または乙種の危険物取扱者

(2) 甲種危険物取扱者

(3) 甲種または乙種の危険物取扱者で、6ヵ月以上の実務経験がある者

(4) 甲種または乙種の危険物取扱者で、1年以上の実務経験がある者

(5) 対象施設の所有者・管理者・占有者

問 43 次の説明文のA～Cに当てはまる数字の組み合わせとして、正しいものはどれか。

　それまで危険物取り扱い作業に従事していなかった免状保持者が新たに従事する場合、従事することになった日から(A)年以内に危険物保安講習を受講しなければならない。ただし、従事する日の過去(B)年以内に免状の交付または講習を受けている者は、免状交付日または受講日以後における最初の4月1日から(C)年以内に受講すればよい。

	A	B	C
(1)	1	2	5
(2)	1	2	3
(3)	2	1	3
(4)	2	2	3
(5)	2	2	5

問 44 危険物保安監督者の記述について、誤っているものはどれか。

(1) 丙種危険物取扱者は、危険物保安監督者の資格がない。

(2) 対象施設の所有者・管理者・占有者は、危険物保安監督者を選任し、市町村長等に届けることが義務づけられている。

(3) 危険物保安監督者は、災害防止について、当該製造所等に隣接する関係施設の担当者と連絡を保つことが重要となる。

(4) 甲種または乙種の危険物取扱者であっても実務経験がなければ、選任されることはない。

(5) 危険物保安監督者は、危険物施設保安員の指示のもと保安監督を行う。

問 45 **危険物保安監督者の業務として、次のうち誤っているものはどれか。**

(1) 作業者に対して、その作業が貯蔵・取り扱いの技術上の基準や予防規程等に適合するような指示を与える。

(2) 火災等の災害防止のため、当該製造所等に隣接する施設の関係者との連絡を保つ。

(3) 危険物の取り扱い作業の保安に関し、必要な監督業務を行う。

(4) 製造所等の設置許可申請または設備等の変更許可申請を行う。

(5) 火事等の災害発生時に、応急措置を講じるとともに、直ちに消防機関等へ連絡する。

問 46 **危険物保安監督者を選任する必要のない施設はどれか。**

(1) 製造所

(2) 屋外タンク貯蔵所

(3) 給油取扱所

(4) 移送取扱所

(5) 移動タンク貯蔵所

問 47 **危険物保安統括管理者に関する説明で、次のうち誤っているものはどれか。**

(1) 指定数量にかかわらず、第4類危険物を取り扱う製造所では、危険物保安統括管理者を定めなければならない。

(2) 指定数量の3,000倍以上の第4類危険物を取り扱う一般取扱所では、危険物保安統括管理者を選任しなければならない。

(3) 指定数量の3,000倍以上の第4類危険物を貯蔵または取り扱う製造所等では、危険物保安統括管理者を選任しなければならない。

(4) 指定数量以上の第4類危険物を取り扱う移送取扱所では、危険物保安統括管理者を選任しなければならない。

(5) 危険物保安統括管理者には、危険物関係の資格がない人でもなれる。

問 48 危険物保安統括管理者に関する説明で、次のうち誤っているものはどれか。

(1) 危険物保安統括管理者は、危険物を貯蔵し、取り扱うなどの事業を統括的に管理する者である。

(2) 選任または解任の場合は、遅滞なく都道府県知事に届け出ることが義務づけられている。

(3) 消防法もしくは消防法にもとづく命令の規定に違反したときは、解任を命ぜられる。

(4) 危険物保安統括管理者の選任または解任の届出は、所有者等が行う。

(5) その事業所の事業の実施について、統括管理する立場にある者をあてることとされている。

問 49 危険物保安統括管理者の資格の説明で、次のうち正しいものはどれか。

(1) 特に定められていない

(2) 甲種危険物取扱者免状所持者

(3) 乙種危険物取扱者免状所持者

(4) 甲種危険物取扱者免状所持者で、6ヵ月以上の危険物取り扱いの実務経験のある者

(5) 製造所等の所有者または管理者等

問 50 危険物施設保安員に関する説明で、次のうち誤っているものはどれか。

(1) 製造所等の所有者・管理者等には、すべての施設に危険物施設保安員を選任することが義務づけられている。

(2) 市町村長等に選任または解任の届出をする必要はない。

(3) 危険物施設保安員は、危険物保安監督者のもとで、施設の構造・設備に関する保安業務を補佐する。

(4) 特に資格を必要としない。

(5) 業務の内容から、その施設の構造・設備に詳しい者が適任となる。

問 51 危険物施設保安員の業務の説明で、次のうち誤っているものはどれか。

(1) 施設の異常発見時は危険物保安監督者等へ連絡し、適切な措置を行う。

(2) 技術上の基準に適合するよう施設を維持するために、定期点検や臨時点検を実施する。

(3) 火災発生時には危険物保安監督者と協力し、応急措置を講じる。

(4) 計測装置・制御装置・安全装置等の機能の保安管理を行う。

(5) 危険物の取扱作業の保安に関し、必要な監督業務を行う。

問 52 予防規程について、次のうち正しいものはどれか。

(1) 製造所等における貯蔵または取り扱う危険物の数量について定めた規定をいう。

(2) 製造所等における位置・構造・設備の点検項目について定めた規定をいう。

(3) すべての製造所等は、予防規程を定めなければならない。

(4) 予防規程は、市町村長等の指示にしたがって定める。

(5) 一定の製造所等が防災上の見地から危険物の保安等について作成する自主保安に関するもので、従業員等は遵守しなければならない。

問 53 製造所等の関係者は予防規程を遵守しなければならないが、次のうち法令で定められていないのは誰か。

(1) 製造所等に出入りする関係者

(2) 所有者

(3) 管理者

(4) 占有者

(5) 従業者

問 54 予防規程について、次のうち正しいものはどれか。

(1) 危険物保安監督者を選任する製造所等は、予防規程を定めなければならない。

(2) 予防規程を定めたときは、市町村長等の認可を受けなければならない。

(3) 予防規程を定めたときは、消防長または消防署長の許可を受けなければならない。

(4) 予防規程を定めたときは、消防長または消防署長の認可を受けなければならない。

(5) 予防規程を変更したときは、市町村長等の許可を受けなければならない。

問 55 予防規程の定めの対象とならない製造所等は、次のうちどれか。

(1) 指定数量の倍数が10以上の製造所

(2) 指定数量の倍数が150以上の屋内貯蔵所

(3) 指定数量の倍数が200以上の地下タンク貯蔵所

(4) 指定数量の倍数が200以上の屋外タンク貯蔵所

(5) 指定数量の倍数が100以上の屋外貯蔵所

問 56 製造所等の定期点検について、次のうち誤っているものはどれか。

(1) 定期点検は、法令に定める技術上の基準に適合しているかどうかについて行うものである。

(2) 一定の製造所等に対して定期点検し、その点検記録を作成、保存することが義務づけられている。

(3) 定期点検は、原則として1年に1回以上実施しなければならない。

(4) 危険物取扱者の立ち会いがあれば、危険物取扱者以外の一般作業員も定期点検ができる。

(5) 危険物施設保安員は、定期点検を行うことができない。

問 57 製造所等の定期点検について誤っているものは、次のうちどれか。

(1) 定期点検の記録は、原則として5年間保存しなければならない。

(2) 消防法第14条の3の2は、一定の製造所等に対して、定期的に点検し、その点検記録を作成し、それを保存することを義務づけている。

(3) 丙種危険物取扱者は、定期点検を行うことができる。

(4) 定期点検を怠ったときは、市町村長等から許可取り消しまたは使用停止命令を受けることがある。

(5) 地下タンクを有する給油取扱所は、定期点検を行わなければならない。

問 58 定期点検を実施しなくてもよいものは、次のうちどれか。

(1) 指定数量の倍数が150以上の屋内貯蔵所

(2) 指定数量の倍数が200以上の屋外タンク貯蔵所

(3) 指定数量の倍数が100以上の屋外貯蔵所

(4) 地下タンク貯蔵所のすべて

(5) 屋内タンク貯蔵所のすべて

問 59 定期点検の点検記録記載事項として、次のうち誤っているものはどれか。

(1) 点検をした製造所等の名称

(2) 点検の方法および結果

(3) 点検を行った年月日

(4) 点検を行った製造所等の危険物の貯蔵・取り扱い量

(5) 点検を行った危険物取扱者、危険物施設保安員、または点検に立ち会った危険物取扱者の氏名

問 60 製造所等における保安検査について、次のうち誤っているものはどれか。

(1) 保安検査には、定期的に受ける定期保安検査と、特定の事由が発生した場合に受ける臨時保安検査がある。

(2) 保安検査は、その対象となる施設の所有者・管理者・占有者が行う。

(3) 保安検査は、屋外タンク貯蔵所・移送取扱所の2つの施設について、一定基準以上の規模のものを対象に行われる。

(4) 屋外タンク貯蔵所は、容量10,000kL以上の特定屋外タンク貯蔵所が対象となる。

(5) 保安検査を行う時期は、調査の対象となる施設の種類によって異なる。

問 61 製造所等で保安距離を確保しなければならないもので、次のうち誤っているものはどれか。

(1) 製造所

(2) 屋外貯蔵所

(3) 屋外タンク貯蔵所

(4) 地下タンク貯蔵所

(5) 一般取扱所

問 62 製造所等と保安対象物の保安距離として、次のうち誤っているものはどれか。

(1) 高圧ガスの施設 ── 20m 以上

(2) 中学校 ──────── 30m 以上

(3) 病院 ───────── 50m 以上

(4) 住宅 ───────── 10m 以上

(5) 重要文化財 ───── 50m 以上

問 63 製造所等との保安距離が10m以上と定められている保安対象物は、次のうちどれか。

(1) 小学校

(2) 特別高圧架空電線（使用電圧20,000V）

(3) 同一敷地外にある住居

(4) 液化石油ガス施設

(5) 劇場

問 64 次の製造所等のうち、保有空地の確保を必要としないものはどれか。

(1) 製造所

(2) 屋内貯蔵所

(3) 屋外タンク貯蔵所

(4) 簡易タンク貯蔵所（屋外）

(5) 屋内タンク貯蔵所

問 65 製造所等の保有空地について、次のうち誤っているものはどれか。

(1) 製造所、一般取扱所では、指定数量の倍数が10以下の場合は、保有空地の幅は3m以上確保しなければならない。

(2) 製造所、一般取扱所では、指定数量の倍数が10を超える場合は、保有空地の幅は7m以上確保しなければならない。

(3) 保有空地を確保しなければならない危険物施設としては、製造所、屋内貯蔵所、屋外タンク貯蔵所などがある。

(4) 屋外タンク貯蔵所では、指定数量の倍数によって保有空地の幅が定められている。

(5) 屋外貯蔵所では、指定数量の倍数によって保有空地の幅が定められている。

問 66 保安距離と保有空地の説明で、次のうち誤っているものはどれか。

(1) 保有空地を確保しなければならない危険物施設には、簡易タンク貯蔵所（屋外）と移送取扱所（地上設置）も入る。

(2) 保安距離は、隣接する保安対象物が災害に巻き込まれるのを防止するために設けられている。

(3) 屋内貯蔵所は、指定数量の倍数と建築物の壁、柱、床が耐火構造である場合とそうでない場合により保有空地の幅が決められている。

(4) 保有空地は、火災発生時の消防活動のために確保されている。

(5) 保有空地には、すぐに除去できる物品なら置いてもかまわない。

問 67 製造所の位置・構造・設備の技術上の基準について、次のうち誤っているものはどれか。

(1) 建築物の窓および出入口にガラスを用いる場合は、厚さ10mm以上のものでなければならない。

(2) アルキルアルミニウムやアセトアルデヒド等を取り扱う製造所には、原則に加えてより厳しい基準が適用される。

(3) 危険物の指定数量が10倍以下の施設では幅3m以上、10倍を超える施設では幅5m以上の保有空地が必要。

(4) 電気設備は、電気工作物にかかわる法令にもとづいて設置する。

(5) 静電気が発生するおそれがある設備には、静電気を有効に除去する装置を設置する。

問 68 製造所の技術上の基準について、次のうち誤っているものはどれか。

(1) 保安距離、保有空地を確保しなければならない。

(2) 地階を設けないこと。

(3) 壁・柱・床・はりおよび階段は、不燃材料で造る。

(4) 延焼のおそれのある外壁は耐火構造とする。

(5) 屋根は耐火構造で造ること。

問 69 製造所の技術上の基準について、次のうち誤っているものはどれか。

(1) 床面積は、原則として1,000m²以下とする。

(2) 建築物には採光・照明・換気の設備を設ける。

(3) 窓および出入口には防火設備を設ける。

(4) 指定数量の倍数が10以上の場合には、避雷設備を設ける。

(5) 液状危険物を取り扱う場合には、地盤面に適当な傾斜をつけ、た・め・ま・す・を設ける。

問 70 屋内貯蔵所の技術上の基準について、次のうち誤っているものはどれか。

(1) 出入口にガラスを用いる場合は網入りガラスとする必要がある。

(2) 貯蔵倉庫は、独立した専用の建物とする。

(3) 貯蔵倉庫は、地盤面から軒までの高さが6m未満の平家建てとする。

(4) 貯蔵倉庫の床面積は、1,000m²以下とする。

(5) 引火点80℃未満の危険物の貯蔵倉庫では、内部に滞留した蒸気を屋根上に放出する設備を設けなければならない。

問 71 屋内貯蔵所の技術上の基準について、次のうち誤っているものはどれか。

(1) 同一品名の自然発火のおそれのある危険物または災害が著しく増大するおそれのある危険物を大量に貯蔵する場合には、原則として指定数量の10倍以下ごとに区分し、かつ0.3m以上の間隔をおいて貯蔵する。

(2) 電気設備は、電気工作物にかかわる法令にもとづいて設置する。

(3) 第2類または第4類の危険物のみの貯蔵倉庫で総務省令に定める必要な措置を講じているものは、地盤面から軒までの高さを10m未満とすることができる。

(4) 貯蔵倉庫に架台を設ける場合は不燃材料で造り、しっかりと固定する。

(5) 延焼のおそれのある外壁には、出入口以外の開口部を設けない。

問 72 屋内貯蔵所の技術上の基準について、次のうち誤っているもの
はどれか。

(1) 床・壁・柱を耐火構造とし、はりは不燃材料で造る。

(2) 屋根は不燃材料で造り、金属板等の不燃材料でふき、かつ天井は設け
ないこと。

(3) 貯蔵倉庫には、採光・照明・換気設備を設ける。

(4) 高層倉庫の窓および出入口には、特定防火設備を設ける。

(5) 危険物を貯蔵する場合の容器の積み重ねは5m以下とする(第3石油類、
第4石油類、動植物油類は4m以下とする)。

問 73 屋内貯蔵所の保有空地の幅の基準(壁・柱・床が耐火構造の場
合)について、次のうち誤っているものはどれか。

(1) 指定数量の倍数が5以下の場合、規定なし

(2) 指定数量の倍数が5を超え10以下の場合、1m以上

(3) 指定数量の倍数が10を超え20以下の場合、2m以上

(4) 指定数量の倍数が20を超え50以下の場合、3m以上

(5) 指定数量の倍数が50を超え200以下の場合、7m以上

問 74 屋外タンク貯蔵所の技術上の基準について、次のうち誤ってい
るものはどれか。

(1) 圧力タンクは定められた水圧試験、その他のタンクは水張試験に合格
したものを設置する。

(2) タンクは地震・風圧に耐える構造で、支柱は耐火性であること。

(3) タンクの外面には、さび止めの塗装を施す。

(4) ポンプ設備の周囲に空地を設ける必要はない。

(5) 弁は鋳鋼弁とする。

問 75 屋外タンク貯蔵所の技術上の基準について、次のうち誤ってい
るものはどれか。

(1) 敷地内距離の基準は設けられていない。

(2) 一定の保安距離が必要で、保有空地が規定されている。

(3) 屋外貯蔵タンクは、厚さ3.2mm以上の鋼板で造る。

(4) タンク内部のガス・蒸気等を上部に放出できる構造でなければならない。

(5) 圧力タンクには安全装置を設け、その他のタンクには通気管を設ける。

問 76 屋外タンク貯蔵所の防油堤についての説明で、次のうち誤っているものはどれか。

(1) 容量はタンク容量の110％以上（非引火性の場合は100％以上）とする。

(2) 防油堤の高さは1m以上とする。

(3) 防油堤内の面積は80,000m²以下とする。

(4) 鉄筋コンクリートまたは土で造る。

(5) 防油堤の外側で操作できる弁つきの水抜口を設ける。

問 77 屋外タンク貯蔵所の保有空地の幅の基準について、次のうち誤っているものはどれか。

(1) 指定数量の倍数が500以下の場合、3m以上

(2) 指定数量の倍数が500を超え1,000以下の場合、5m以上

(3) 指定数量の倍数が1,000を超え2,000以下の場合、7m以上

(4) 指定数量の倍数が2,000を超え3,000以下の場合、12m以上

(5) 指定数量の倍数が3,000を超え4,000以下の場合、15m以上

問 78 ガソリン600kLと灯油400kLの屋外貯蔵タンクに設ける防油堤の最小容量として、次のうち正しいものはどれか。

(1) 300kL

(2) 600kL

(3) 660kL

(4) 1,000kL

(5) 1,100kL

問 79 屋内タンク貯蔵所の技術上の基準について、次のうち誤っているものはどれか。

(1) タンクは原則として、平家建ての専用室に設置する。

(2) 換気・採光・照明・排出設備は屋内貯蔵所の基準と同様である。

(3) 天井を設けて、窓と出入口は防火設備を設ける。

(4) タンク専用室の床は適当な傾斜をつけ、貯留設備を設ける。

(5) タンク専用室の出入口の敷居の高さは、床面から0.2m以上でなければならない。

問 80 屋内タンク貯蔵所の技術上の基準について、次のうち誤っているものはどれか。

(1) タンク容量は、指定数量の50倍以下とする。

(2) タンク専用室の壁・柱・床は耐火構造、はり・屋根は不燃材料で造る。

(3) タンクの配管は、製造所の基準と同様である。

(4) 電気設備は、製造所の基準と同様である。

(5) 液体危険物を貯蔵する場合は、危険物の量を自動的に表示する装置を設ける。

問 81 地下タンク貯蔵所の技術上の基準について、次のうち誤っているものはどれか。

(1) 地下貯蔵タンクは、指定数量に応じて容量に制限が設けられている。

(2) 引火点が100℃以上の第4類危険物を貯蔵するタンクには、危険物の量を自動的に表示する装置を設けなければならない。

(3) タンクを地下に埋設されたタンク室に設置する場合、タンクとタンク室の内側の間は0.1m以上間隔を開け、周囲に乾燥砂を充填する。

(4) 注入口は屋外に設ける。

(5) 圧力タンクには、総務省令で定める安全装置を設けなければならない。

問 82 地下タンク貯蔵所の技術上の基準について、次のうち誤っているものはどれか。

(1) 保安距離や保有空地を確保する必要はない。

(2) タンクを地下に埋設されたタンク室に設置する場合、タンクの頂部は、地盤面から1m以上、下にあること。

(3) 圧力タンクには安全装置、その他のタンクには頂部に通気管を設ける。

(4) 通気管はタンク頂部に取りつけ、先端の高さを地上4m以上とする。

(5) 地下タンク貯蔵所の見やすい箇所に標識および掲示板を設ける。

問 83 簡易タンク貯蔵所の技術上の基準について、次のうち誤っているものはどれか。

(1) 1つの簡易タンク貯蔵所には、タンクを3基まで設置できる。

(2) 同一品質の危険物は、2基以上設置できない。

(3) 簡易貯蔵タンク1基の容量は、800L以下である。

(4) 専用室内に設置する場合、タンク周囲に0.5m以上の間隔を確保する。

(5) 簡易貯蔵タンクは、厚さ3.2mm以上の鋼板で造る。

問 84 簡易タンク貯蔵所の技術上の基準について、次のうち誤っているものはどれか。

(1) 保安距離、保有空地ともに必要ない。

(2) 圧力タンク以外の場合は、直径25mm以上、先端の高さが地上1.5m以上の無弁通気管を設ける。

(3) 簡易タンクは、70kPaの圧力で10分間行う水圧試験で、漏れ・変形のないもの。

(4) タンクの外面には、さび止めのための塗装を行う。

(5) 給油管の長さは5m以下とする。

問 85 移動タンク貯蔵所の技術上の基準について、次のうち誤っているものはどれか。

(1) 保安距離、保有空地の規制はない。

(2) 移動タンク貯蔵所の常置場所として、屋内は認められていない。

(3) 移動貯蔵タンクの容量は、30,000 L 以下である。

(4) 移動貯蔵タンクの内部には、4,000 L 以下ごとに3.2mm 以上の厚さの間仕切り板を設ける。

(5) 移動貯蔵タンクの厚さは3.2mm 以上の鋼板またはこれと同等以上の機械的性質の材料で、気密構造とする。

問 86 移動タンク貯蔵所の技術上の基準についての次の説明で、A～Cにあてはまる数値の組み合わせとして正しいものはどれか。

タンクの容量は(A)以下とし、内部には(B)以下ごとに(C)以上の厚さの間仕切り板を設ける。

	A	B	C
(1)	20,000 L	3,000 L	1.5mm
(2)	20,000 L	4,000 L	3.2mm
(3)	20,000 L	3,000 L	3.2mm
(4)	30,000 L	5,000 L	3.2mm
(5)	30,000 L	4,000 L	3.2mm

問 87 移動タンク貯蔵所の技術上の基準について、次のうち誤っているものはどれか。

(1) 屋内に常置する場合は、耐火構造または不燃材料で造った建築物の1階とする。

(2) 貯蔵タンクの下部に底弁・排出口を設け、底弁には手動および自動の閉鎖装置を設ける。

(3) ガソリン、ベンゼン等の静電気による災害が発生するおそれのある液体危険物を貯蔵するタンクには、接地導線を設けなければならない。

(4) 移動タンク貯蔵所での危険物移送で、危険物取扱者の乗車は必要ない。

(5) 貯蔵タンクの見やすい箇所に危険物の類、品名と最大数量を表示する。

問 88 屋外貯蔵所の技術上の基準について、次のうち誤っているものはどれか。

(1) 囲いの高さは1.5m以下でなければならない。

(2) 硫黄等を貯蔵する場合、1つの囲いの内部面積は、200m²以下とする。

(3) 硫黄等を貯蔵し、または取り扱う場所の周囲には、排水溝および分離槽を設ける。

(4) 硫黄等を貯蔵し、2つ以上の囲いを設ける場合は、それぞれの囲いの内部面積を合計した面積は1,000m²以下とする。

(5) 架台を設ける場合は、不燃材料で造るとともに堅固な地盤面に固定し、架台の高さは6m未満とする。

問 89 屋外貯蔵所の保有空地の基準について、次のうち誤っているものはどれか。

(1) 指定数量の倍数が10以下の場合、空地の幅は3m以上

(2) 指定数量の倍数が10を超え20以下の場合、空地の幅は6m以上

(3) 指定数量の倍数が20を超え50以下の場合、空地の幅は10m以上

(4) 指定数量の倍数が50を超え200以下の場合、空地の幅は20m以上

(5) 指定数量の倍数が200を超える場合、空地の幅は50m以上

問 90 給油取扱所の基準について、次のうち誤っているものはどれか。

(1) 固定給油設備の周囲には、間口15m以上、奥行8m以上の空地を保有すること。

(2) 保安距離、保有空地の規制はない。

(3) 給油取扱所の周囲には、高さ2m以上の耐火構造または不燃材料で造った防火塀等を設けること。

(4) 排水溝および油分離装置等を設けなければならない。

(5) 固定給油設備に接続する専用タンク、または10,000L以下の廃油タンク等を地盤面下に埋設することができる。

問 91 給油取扱所の基準について、次のうち誤っているものはどれか。

(1) 灯油用固定注油設備の周囲には給油空地以外の場所に、注油空地を保有すること。

(2) 懸垂式の固定給油設備は、道路境界線から4m以上の間隔を保つこと。

(3) 懸垂式の固定給油設備は、建築物の壁に開口部がある場合、その当該壁から2m以上の間隔を保つこと。

(4) 給油取扱所の給油ホースは全長6m以下の長さとし、先端に蓄積される静電気を有効に除去する装置を設ける。

(5) 自動車等の出入りする側を除き、高さ2m以上の耐火構造または不燃材料の塀または壁を設ける。

問 92 法令上、予防規定として、顧客に自ら給油等をさせる給油取扱所のみが定めなければならないものは次のうちどれか。

(1) 危険物の保安のための巡視、点検および検査に関すること。

(2) 危険物の取り扱い作業の基準に関すること。

(3) 顧客自ら使用する車両の洗浄を行う作業場の安全確保に関すること。

(4) 顧客の車両の整備を行う作業場の点検および検査に関すること。

(5) 顧客に対する監視、その他保安のための措置に関すること。

問 93 法令上、顧客に自ら給油等をさせる給油取扱所にしなければならない表示について、次のうち誤っているものどれか。

(1) 自動車等の停止位置に関する表示

(2) 危険物の品目に関する表示

(3) 注油設備の使用方法に関する表示

(4) 営業日および営業時間に関する表示

(5) 顧客用固定給油設備以外の固定給油設備の使用制限に関する表示

問 94 法令上、顧客に自ら自動車に給油等をさせるための顧客用固定給設備の技術上の基準として、次のうち誤っているものどれか。

(1) 1回の連続した給油量および給油時間の上限を設定できる構造としなければならない。

(2) ガソリンおよび軽油相互の誤給油を防止できる構造としなければならない。

(3) 給油ノズルは、静電気を有効に除去する構造としなければならない。

(4) 給油ノズルは、燃料タンクが満量になったときに自動的にブザー等の警報が発する構造としなければならない。

(5) 地震等災害発生時に危険物の供給を自動的に停止できる構造としなければならない。

問 95 法令上、顧客に自ら給油等をさせる給油取扱所において、軽油を取り扱うために顧客が使用する顧客用固定注油設備に彩色を施す場合の色として、次のうち正しいものはどれか。

(1) 青色

(2) 赤色

(3) 黄色

(4) 緑色

(5) 紫色

問 96 販売取扱所の基準について、次のうち誤っているものはどれか。

(1) 販売取扱所は、建物の1階に設置する。

(2) 指定数量の倍数が15を超え40以下の販売取扱所を第1種販売取扱所という。

(3) 店舗部分とその他の部分との隔壁は耐火構造とする。

(4) 第2種販売取扱所の構造や設備に関する基準は、第1種販売取扱所と比べて厳しく規定されている。

(5) 第1種販売取扱所であっても、店舗部分のはり、または天井を設ける場合はともに不燃材料で造る。

販売取扱所の配合室の基準について、次のうち誤っているものはどれか。

(1) 床面積は $6 \, m^2$ 以上10m^2以下とする。

(2) 出入口には自動閉鎖の特定防火設備を設ける。

(3) 危険物が床に浸透しない構造とし、適当な傾斜をつけ、かつ、貯留設備を設ける。

(4) 出入口の敷居の高さは0.3m以上とする。

(5) 店舗とは壁で区画する。

問 98 移送取扱所の基準について、次のうち誤っているものはどれか。

(1) 移送取扱所の位置・構造及び設備の技術上の基準は、石油パイプライン事業法による基準に準じて定められている。

(2) 配管の材料は規格に適合した一定なものを用いること。

(3) 移送のための配管を市街地の道路下に埋設する場合、原則として深さを2.0m以下にしてはならない。

(4) すべての移送取扱所は危険物保安監督者の選任が必要である。

(5) 地上に設置する場合は、配管の両側に一定の保有空地を設ける。

問 99 一般取扱所の特例基準が認められない施設は、次のうちどれか。

(1) 吹つけ塗装作業を行う施設

(2) ボイラーまたはバーナーで危険物を消費する施設

(3) 車両に固定されたタンクに危険物を注入する施設

(4) 焼き入れ作業を行う施設

(5) 配管やポンプで危険物を移送する施設

問 100 一般取扱所に関して、次のうち誤っている結びつきはどれか。

(1) 吹つけ塗装作業等の一般取扱所 ── 指定数量の倍数が30未満で、第2類および特殊引火物を除く第4類危険物

(2) 充填を行う一般取扱所 ── 車両に固定されたタンクに液体危険物を注入

(3) ボイラーまたはバーナー等で危険物を消費する一般取扱所 ── 指定数量の倍数が30未満で引火点が40℃以上の第4類危険物

(4) 容器に詰め替えを行う一般取扱所 ── 指定数量の倍数が50未満で引火点が40℃以上の第4類危険物

(5) 焼き入れや放電加工の一般取扱所 ── 指定数量の倍数が30未満で引火点が70℃以上の第4類危険物

問 101 製造所等に掲げる掲示板について、次のうち誤っているものはどれか。

(1) 給油取扱所では、「給油中エンジン停止」を表示した掲示板を設ける。

(2) 掲示板は幅0.3m以上、長さ0.6m以上の板であること。

(3) 白地に黒字で、危険物の類、品名、貯蔵または取扱最大数量、指定数量の倍数、危険物保安監督者をおく施設では氏名または職名を表示する。

(4) 「火気厳禁」は、地を赤色、文字を白色とする。

(5) 「禁水」は、地を赤色、文字を白色とする。

問 102 製造所等の掲示板に表示する内容として、次のうち誤っているものはどれか。

(1) 危険物の類名

(2) 危険物の品名

(3) 所有者・管理者または占有者の氏名

(4) 危険物保安監督者の氏名または職名

(5) 貯蔵または取り扱い最大数量および指定数量の倍数

問 103 製造所等に掲示する標識または表示する掲示板について、次のうち誤っているものはどれか。

(1) 移動タンク貯蔵所以外の製造所等では、幅0.3m以上、長さ0.6m以上の板に、白地の黒文字で製造所等の名称を記載した標識を掲げる。

(2) 移動タンク貯蔵所は、幅0.3m以上、長さ0.4m以下の黒色の板に、黄色の反射塗料等で「危」と表示した標識を、車両の前後の見やすい箇所に掲げる。

(3) 指定数量以上の危険物を運搬する車両の標識については、0.3m平方の黒色の板に、黄色の反射塗料等で「危」と表示し、車両の前後の見やすい箇所に掲げる。

(4) 給油取扱所では、黄赤色の地に黒文字で「給油中エンジン停止」と表示した掲示板を設ける。

(5) 引火点が21度未満の第4類の危険物を貯蔵または取り扱うタンクの注入口およびポンプ設備には、区分に従った表示、取り扱う危険物の類別、「火気厳禁」を表示した掲示板を掲げる。

問 104 製造所等に掲げる注意事項を表示した掲示板について、次のうち誤っているものはどれか。

(1) 第1類のうちアルカリ金属の過酸化物 —— 禁水

(2) 第2類（引火性固体を除く）—— 火気注意

(3) 第3類のうち自然発火性物品 —— 火気厳禁

(4) 第4類 —— 火気注意

(5) 第5類 —— 火気厳禁

問 105 消火設備の種類とそれに対する設備の組み合わせとして、次のうち誤っているものはどれか。

(1) 第1種消火設備 —— 屋内消火栓設備
(2) 第2種消火設備 —— スプリンクラー設備
(3) 第3種消火設備 —— 不活性ガス消火設備
(4) 第4種消火設備 —— 粉末消火設備
(5) 第5種消火設備 —— 小型消火器

問 106 製造所等に設ける消火設備の1所要単位当たりの数値として、次のうち正しいものはどれか。

(1) 外壁が耐火構造の製造所、取扱所の建築物は、延面積100m^2
(2) 外壁が不燃材料の製造所、取扱所の建築物は、延面積100m^2
(3) 外壁が耐火構造の貯蔵所の建築物は、延面積200m^2
(4) 外壁が不燃材料の貯蔵所の建築物は、延面積100m^2
(5) 危険物は、指定数量の100倍

問 107 電気火災、油火災の両方に適応する消火器等は、次のうちどれか。

(1) 乾燥砂
(2) 棒状の強化液を放射する消火器
(3) 泡を放射する消火器
(4) 二酸化炭素を放射する消火器
(5) 膨張ひる石または膨張真珠岩

問 108 面積、危険物の倍数、性状等に関係なく、第5種の消火設備を2個以上設置しなければならないものは、次のうちどれか。

(1) 第1種販売取扱所
(2) 地下タンク貯蔵所
(3) 移動タンク貯蔵所
(4) 屋内タンク貯蔵所
(5) 屋外タンク貯蔵所

問 109 警報設備を設置しなければならない製造所等の指定数量の倍数は、次のうちどれか。

(1) 10倍以上
(2) 20倍以上
(3) 30倍以上
(4) 40倍以上
(5) 50倍以上

問 110 警報設備にならないものは、次のうちどれか。

(1) 消防機関に報知できる電話
(2) 非常ベル装置
(3) 拡声装置
(4) サイレン
(5) 自動火災報知設備

問 111 製造所等で避難設備を設けなければならないものは、次のうちどれか。

(1) 給油取扱所の2階に、店舗、飲食店、展示場がある場合
(2) 製造所の2階に売店がある場合
(3) 一般取扱所に2階がある場合
(4) 屋内タンク貯蔵所に2階がある場合
(5) 販売取扱所に2階がある場合

問 112 危険物の危険等級の区分として、次のうち誤っているものはどれか。

(1) 危険等級はⅠからⅢに区分されている。
(2) 第1種酸化性固体は、危険等級Ⅰに区分されている。
(3) 第4類のうち特殊引火物は、危険等級Ⅱに区分されている。
(4) 第1類のうち第2種酸化性固体は、危険等級Ⅱに区分されている。
(5) 第2類の硫化リンは、危険等級Ⅱに区分されている。

問 113 危険等級Ⅰに該当するものは、次のうちどれか。

(1) 第1種酸化性固体
(2) 第1石油類
(3) 硫黄
(4) アルコール類
(5) 硫化リン

問 114 次の危険物のなかで、危険等級Ⅱに該当するものはどれか。

(1) 黄リン
(2) 赤リン
(3) 第1種自己反応性物質
(4) 動植物油類
(5) カリウム

問 115 危険物の貯蔵に関する技術上の基準について、次のうち誤っているものはどれか。

(1) 貯蔵所では、危険物以外の物品を貯蔵することはできない。ただし、屋内貯蔵所、屋外貯蔵所では、別々に取りまとめて貯蔵し、かつ、相互に1m以上離せば貯蔵できる。
(2) 類の異なる危険物を同時には貯蔵できない。ただし、屋内貯蔵所、屋外貯蔵所において、例外として規定された危険物の場合は、互いに1m以上離せば同時に貯蔵できる。
(3) 屋内貯蔵所において、同じ品名の自然発火のおそれのある危険物、または災害が著しく増大するおそれのある危険物を多量に貯蔵する場合は、指定数量の20倍以下ごとに区分し、0.5m以上の間隔をおく。
(4) 屋内貯蔵所では、容器に収納して貯蔵する危険物の温度は55℃を超えないように措置を講じる。
(5) 移動貯蔵タンクの安全装置・配管は漏れが起こらないようにし、タンクの底弁は使用するとき以外は完全に閉鎖しておく。

問 116 危険物の貯蔵、取り扱いのすべてに共通する技術上の基準について、次のうち誤っているものはどれか。

(1) 品名や数量、倍数を変更しようとする場合、その1ヵ月前までに市町村長等に届け出なければならない。

(2) 危険物のくず、かす等は、1日1回以上、危険物の性質に応じて安全な場所および方法によって廃棄、その他適当な処理をする。

(3) 製造所等には、係員以外の者をみだりに立ち入らせない。

(4) 貯留設備または油分離装置にたまった危険物は、あふれないように随時くみ上げる。

(5) 建築物または設備等は、危険物の性質に応じて遮光または換気する。

問 117 給油取扱所における取り扱いの基準について、次のうち誤っているものはどれか。

(1) 固定給油設備を使用し、直接給油する。

(2) 給油する際には、自動車等のエンジンを停止させる。

(3) 自動車の洗浄は、引火性液体の洗剤は使用しない。

(4) 給油する際は、自動車等の一部または全部が給油空地からはみだしてはならない。

(5) 移動タンク貯蔵所から専用タンクに危険物を注入するときは、固定給油設備を2基以上使用してはならない。

問 118 危険物を車両で運搬する場合の基準について、次のうち誤っているものはどれか。

(1) 運搬に使用する容器の材質は、鋼板、ブリキ板、ガラス等がある。

(2) 運搬容器を積み重ねて積載するときの高さは、原則4m以下とする。

(3) 指定数量以上の危険物を運搬する場合には、その危険物に適応する消火設備を備えなければならない。

(4) 運搬容器の外部に、危険物の品名・数量等を表示しなければならない。

(5) 運搬容器の構造・最大容積は、危険物の規制に関する規則の別表で定められている。

問 119 危険物を運搬する場合の運搬容器の外部に表示する記載内容として、定められていないものはどれか。

(1) 危険物の数量

(2) 危険物に応じた注意事項

(3) 第4類危険物のうち水溶性の性状のものは「水溶性」

(4) 危険物の品名・危険等級・化学名

(5) 危険物に応じた消火方法

問 120 移動タンク貯蔵所の移送について、次のうち誤っているものはどれか。

(1) 当該危険物を取り扱うことのできる危険物取扱者が乗車し、危険物取扱者免状を携帯する。

(2) 移送が長時間になる場合は、原則として2名以上の運転要員を確保しなければならない。

(3) 移動タンク貯蔵所の完成検査済証は、事務所に保管しておけばよいので、貯蔵所に備えつける必要はない。

(4) アルキルアルミニウム、アルキルリチウム等の総務省令で定める危険物を移送する場合は、移送経路その他必要事項を記載した書面を消防機関に送付するとともに、その写しを携帯する。

(5) 移動タンク貯蔵所を一時停止させるときは、安全な場所を選ばなければならない。

問 121 危険物を運搬する場合、混載しても差し支えない組み合わせとして、次のうち正しいものはどれか。

(1) 第1類の危険物と第2類の危険物

(2) 第2類の危険物と第3類の危険物

(3) 第3類の危険物と第4類の危険物

(4) 第5類の危険物と第1類の危険物

(5) 第6類の危険物と高圧ガス

危険物に関する法令

問 1 **(2)** 消防法上の危険物とは、消防法第2条第7項に「別表第一の品名欄に掲げる物品で、同表に定める区分に応じ同表の性質欄に掲げる性状を有するものをいう」と定義している。そして、同表で第1類から第6類までに類別化している。

問 2 **(1)** 第1類は、酸化性固体。それ自体は燃焼しないが、他の物質を強く酸化させる性質をもつ固体。酸化性液体は、第6類。それ自体は燃焼しないが、混在する他の可燃物の燃焼を促進する性質のある液体。固体と液体の違いに注意。

問 3 **(5)** 過塩素酸は、酸化性液体。自己反応性物質とは、加熱分解等により、比較的低い温度で多量の熱を発生し、または爆発的に反応が進行する液体または固体。例えば、硝酸メチル。

問 4 **(2)** 第2類の可燃性固体は、火炎によって着火しやすい固体または比較的低温（40℃未満）で引火しやすい固体。

問 5 **(3)** 第4類危険物の品名は、特殊引火物、第1石油類、アルコール類、第2石油類、第3石油類、第4石油類、動植物油類の7つ。

問 6 **(2)** この他に第1石油類は、アセトン、トルエン、メチルエチルケトン、ピリジンなど。(1)の特殊引火物は(5)にあげられている物品、(3)の第2石油類の物品は(4)にあげられているもの、(4)の第3石油類の物品は(3)にあげられているもの、(5)の第4石油類の物品は(1)にあげられているもの。

問 7 **(1)** 第1石油類は引火点21℃未満のものをいう。第2石油類は21℃以上～70℃未満、第3石油類は引火点70℃以上～200℃未満、第4石油類は引火点200℃以上～250℃未満。

問 8 **(4)** 第1石油類のアセトンとピリジン、第2石油類の氷酢酸とアクリル酸、第3石油類のグリセリンの5つ。特殊引火物、アルコール類、第4石油類、動植物油類には水溶性、非水溶性の区分はない。ここでいう「水溶性液体・非水溶性液体」とは、物理的・化学的に水に溶けるという意味ではなく、指定数量が前提の法令上の区分。

問 9 **(3)** 指定数量は危険性が高ければ少なく、低ければ多くなっている。

第4類以外の指定数量の単位はkgだが、第4類はLである。

危険物政令別表第3の抜粋

品名	性質	指定数量（L）
特殊引火物		50
第1石油類	非水溶性液体	200
	水溶性液体	400
アルコール類		400
第2石油類	非水溶性液体	1,000
	水溶性液体	2,000
第3石油類	非水溶性液体	2,000
	水溶性液体	4,000
第4石油類		6,000
動植物油類		10,000

問 10 **(1)** (2)の選択肢のように、第1石油類、第2石油類、第3石油類以外は水溶性と非水溶性に分けられていない。

問 11 **(2)** 指定数量の倍数は、貯蔵または取り扱う危険物の数量をその危険物の指定数量で割って求める。2種類以上の異なる危険物を同一場所で貯蔵または取り扱う場合は、その合計の数値が倍数となる。物品ごとの倍数を計算し、合計が1以上のときに、指定数量以上の危険物を貯蔵し、取り扱っているとみなされる。

問 12 **(4)** 第2石油類の水溶性液体の指定数量は2,000L。水溶性液体は非水溶性液体の2倍の指定数量になっている。

問 13 **(3)** 指定数量はアセトアルデヒド50L、ガソリン200L、軽油1,000L、重油2,000Lなので、倍数はそれぞれ20、10、3、2。合計では35倍となる。

問 14 **(2)** 灯油の貯蔵量は40L×20本で800L。灯油の指定数量は1,000Lなので、800L÷1,000L＝0.8倍となる。

問 15 **(2)** 灯油500Lの指定数量の倍数は0.5である。

(1) $\dfrac{50}{200}=0.25$

(2) $\dfrac{200}{400}=0.5$

(3) $\dfrac{400}{1000}=0.4$

(4) $\dfrac{500}{2000}=0.25$

(5) $\dfrac{1500}{6000}=0.25$

問 16 **(3)**
(1) $\dfrac{200}{400}+\dfrac{1000}{1000}=1.5$

(2) $\dfrac{500}{1000}+\dfrac{2000}{2000}=1.5$

(3) $\dfrac{100}{50}+\dfrac{100}{1000}=2.1$

(4) $\dfrac{100}{200}+\dfrac{1000}{2000}=1.0$

(5) $\dfrac{200}{200}+\dfrac{10000}{10000}=2.0$

問 17 **(1)** (1)は、政令ではなく市町村条例。

問 18 **(3)** 貯蔵所は、屋内貯蔵所、屋外タンク貯蔵所、屋内タンク貯蔵所、地下タンク貯蔵所、簡易タンク貯蔵所、移動タンク貯蔵所、屋外貯蔵所の7種類に区分されている。製造所の種類は1つ、取扱所は4種類(このうち販売取扱所は第1種と第2種)ある。

問 19 **(5)** (1)は屋内貯蔵所、(2)は移送取扱所、(3)は第1種販売取扱所の説明。(4)の製造所は危険物の製造を目的で指定数量以上を取り扱う施設。ボイラー等で危険物を消費する施設は一般取扱所。

問 20 **(4)** 屋外貯蔵所で貯蔵し、扱うのは、第2類の危険物のうち硫黄または引火性固体(引火点が0℃以上のもの)、または第4類の危険物のうち第1石油類(引火点が0℃以上のもの)、アルコール類、第2石油類、第3石油類、第4石油類、動植物油類に限定されている。よって、特殊引火物は不適当である。

問 21 **(3)** 二硫化炭素は特殊引火物、ガソリンは第1石油類だが引火点が0℃以上ではないため、屋外貯蔵所では貯蔵できない。(1)はアルコール類、(2)は第2石油類、(4)は第3石油類、(5)は第4石油類の物品なので貯蔵できる。

問 22 **(5)** 2つ以上の都道府県にまたがる移送取扱所の場合の許可権者は、総務大臣となる。

問 23 **(1)** 完成検査に合格すると、完成検査済証が交付される。この交付を

受けてはじめて施設の使用開始が認められる。

問 24　(5)　製造所等の位置、構造または設備を変更する場合は、いずれも許可を受けなければならない。

問 25　(2)　変更工事にかかわる部分以外の全部または一部を仮に使用する場合は、承認を受けなければならない。指定数量以上の危険物を仮に貯蔵し、取り扱う場合も同様。

問 26　(3)　(1)、(2)、(4)、(5)ともに届出先は市町村長等となる。

問 27　(5)　一定の製造所等で、危険物保安監督者のもと、施設の構造・設備に関する保安業務を補佐するのが危険物施設保安員。危険物保安統括管理者や危険物保安監督者と異なり、市町村長等に届け出る必要はない。

問 28　(3)　品名や数量・指定数量の倍数を変更しようとする場合、その日の10日前までに市町村長等に届け出なければならない。内容の変更によって、位置・構造・設備が技術上の基準に適合しなくなる場合は、適合させるために位置・構造・設備の変更の許可申請が必要となる。

問 29　(2)　仮貯蔵、仮取り扱い期間は10日以内と定められており、消防長または消防署長の承認が必要となる。

問 30　(1)　変更工事にかかわる部分以外の全部または一部については、市町村長等の承認を受けていれば、完成検査を受ける前でも、仮に使用することができる。(5)は市町村長の承認が正しい。なお、「変更の工事を行わない部分」は、条文のままに「変更の工事に係る部分以外の部分」と表現される場合もある。

問 31　(5)　(5)は使用停止命令の対象に該当。他については許可の取り消し、または期間を定めて使用の停止を命じることができる。

問 32　(2)　この場合は許可の取り消し、または使用停止命令に該当する。

問 33　(5)　危険物取扱者は、甲種、乙種、丙種の3つに区分されており、免状は都道府県知事から交付される。また、丙種危険物取扱者が取り扱うことのできる危険物は、ガソリン、灯油、軽油、第3石油類(重油、潤滑油および引火点が130℃以上のもの)、第4石油類、動植物油類となっている。

問 34　(4)　乙種危険物取扱者の免状は乙種第1類から第6類の6つに分かれ、

免状に指定されている類の危険物のみを取り扱うことができる。

問 35 (1) 危険物取扱者の資格が必要なのは危険物保安監督者のみ。移動タンク貯蔵所の移送の際には危険物取扱者の同乗が必要となるが、運転者が危険物取扱者である必要はない。

問 36 (4) 水溶性、非水溶性にかかわらず、第4類の特殊引火物、第1石油類、アルコール類、第2石油類、第3石油類、第4石油類、動植物油類の危険物を取り扱うことができる。

問 37 (3) 免状の汚損または破損により再交付申請する場合は、申請書に当該の免状を添えて提出する。

問 38 (3) 免状に本籍地の記載はあるが、現住所の記載はなく、変更届も不要。

問 39 (5) 免状の携帯が義務づけられているのは(5)のみ。火災防止のために、消防官または警察官は、走行中の移動タンク貯蔵所を停止させて、乗車している危険物取扱者に免状の提示を求めることがある。

問 40 (3) 都道府県知事が免状の返納を命じることができる。返納命令に違反すれば、30万円以下の罰金または拘留に処せられる。

問 41 (3) 危険物保安講習は、全国どこの都道府県でも受講できる。

問 42 (3) 甲種または乙種の危険物取扱者で、製造所等において6ヵ月以上の危険物取り扱いの実務経験がある者。ただし、その危険物を取り扱うことができる危険物取扱者なので、乙種危険物取扱者の場合は、指定された類についてのみ選任される資格を有する。

問 43 (2) 継続して危険物取扱作業に従事していた場合には、受講日以後最初の4月1日から3年以内ごとに保安講習を受講しなければならない。これ以降も同様である。

問 44 (5) 逆の立場である。危険物施設保安員のいる施設では、危険物保安監督者が保安員に必要な指示を与える。

問 45 (4) 製造所等の設置許可申請または設備等の変更許可申請は、製造所等の所有者、管理者または占有者が行う。

問 46 (5) 危険物施設のなかでも危険度の高い施設が対象となり、危険物の指定数量、引火点によって対象となる施設が指定されている。移動タンク貯蔵所は、選任が不必要である。

製造所等別選任の義務

製造所等の区分	危険物保安統括管理者	危険物保安監督者	危険物施設保安員
製造所	○	◎	○
屋内貯蔵所		○	
屋外貯蔵所		○	
屋内タンク貯蔵所		○	
屋外タンク貯蔵所		◎	
簡易タンク貯蔵所	×	○	×
地下タンク貯蔵所		○	
移動タンク貯蔵所		×	
給油取扱所		◎	
販売取扱所		○	
移送取扱所	○	◎	○
一般取扱所	○	○	○

（◎はすべて義務、○は条件により義務、×は義務ではない）

問 47 **(1)** 危険物保安統括管理者の選任が必要な事業所は、取り扱う第4類危険物の数量が指定数量の3,000倍以上の製造所および一般取扱所と、指定数量以上の移送取扱所となっている。

問 48 **(2)** 所有者等が危険物保安統括管理者を選任または解任した場合は、遅滞なく市町村長等に届け出ることが義務づけられている。選任または解任するのは、製造所等の所有者等。

問 49 **(1)** 資格は特に必要とされていない。当該事業所において、その事業の実施を統括管理する者をあてることになっている。

問 50 **(1)** 危険物施設保安員を選任しなければならない対象施設は、①取り扱う危険物の指定数量が100倍以上の製造所と一般取扱所、②すべての移送取扱所。

問 51 **(5)** (5)は危険物保安監督者の業務。危険物保安監督者のもとで、施設の構造・設備に関する保安業務を補佐するのが、危険物施設保安員の役割となる。

問 52 **(5)** 対象となる製造所等において、個々の実状に合わせて自主的に制定する保安基準を予防規程という。

問 53 (1) 予防規程については、製造所等の所有者・管理者・占有者だけでなく、従業員等も遵守する義務がある。

問 54 (2) 予防規程を定めたときは市町村長等の認可が必要となる。また、変更した場合も同様に認可を受けなければならない。なお、「認可」という行為がでてくるのは予防規程についてのみである。「認可」と「許可」は違うことに注意。

問 55 (3) 屋内タンク貯蔵所・地下タンク貯蔵所・簡易タンク貯蔵所・移動タンク貯蔵所・販売取扱所は、予防規程を定める必要がない。この他、鉱山保安法による保安規程を定めている製造所等も除外される。予防規程制定の対象となるのは、(1)、(2)、(4)、(5)の他、給油取扱所(全部)、移送取扱所(全部)、指定数量の倍数が10以上の一般取扱所。

問 56 (5) 定期点検は、危険物取扱者または危険物施設保安員が行わなければならない。ただし、危険物取扱者の立ち会いがあれば、一般作業員でも点検ができる。

問 57 (1) 定期点検については、(2)の通り、消防法第14条の3の2に規定されており、点検記録の保存期間は原則として3年間となっている。ただし、移動貯蔵タンクの水圧試験にかかわる部分の記録については10年間となっている。また、記録は保存だけで、市町村長等に報告する義務はない。

問 58 (5) 製造所等は取り扱う危険物の数量等により、定期点検が義務づけられている。定期点検の対象とならない施設は、屋内タンク貯蔵所・簡易タンク貯蔵所・販売取扱所。また、鉱山保安法による保安規程を定めている製造所等も除外されている。

問 59 (4) 危険物の貯蔵や取り扱い量については記載する必要はない。

問 60 (2) 保安検査は、市町村長等が行う。対象となるのは屋外タンク貯蔵所と移送取扱所。屋外タンクは、容量10,000kL以上の特定屋外タンク貯蔵所で、原則として8年に1回。移送取扱所は、配管延長が15kmを超えるか、配管の最大常用圧力が0.95MPa(メガパスカル)以上でかつ延長が7～15km以下の特定移送取扱所。原則として1年に1回の検査を受けなければならない。

問 61 (4) 保安距離とは、製造所等の危険物施設で火災等が発生した場合、

隣接する保安対象物が災害に巻き込まれるのを防止するためにおかれる一定の距離のこと。保安距離を確保しなければならない施設は、①製造所、②屋内貯蔵所、③屋外タンク貯蔵所、④屋外貯蔵所、⑤一般取扱所の5施設。

問 62 (3) 30m以上と保安距離が定められているのは病院のほか、学校、劇場その他多数の人を収容する施設。

問 63 (3) 同一敷地外にある住居は10m以上となっている。(1)と(5)は30m以上、(2)は水平距離3m以上、(4)は20m以上。

問 64 (5) 保有空地とは、消防活動および延焼防止のため、危険物施設の周囲に確保する空地のこと。保有空地の確保を必要とするのは、保安距離が必要な5施設(製造所・屋内貯蔵所・屋外タンク貯蔵所・屋外貯蔵所・一般取扱所)に、簡易タンク貯蔵所(屋外)と移送取扱所(地上設置)を加えた7施設。空地の幅は、施設ごとに定められている。

問 65 (2) (2)の場合は、保有空地の幅を5m以上確保しなければならない。

問 66 (5) 保有空地は、消防活動や延焼防止のために設けられている空地。どのような物品であっても置くことはできない。

問 67 (1) 建築物の窓および出入口にガラスを設ける場合は、網入りガラスとする。

問 68 (5) 危険物の製造を目的に、危険物を取り扱う施設を製造所という。屋根は不燃材料で造り、金属板等の軽量な不燃材料でふくとなっている。

問 69 (1) 製造所には床面積の制限はない。床面積1,000m²以下の制限を設けているのは屋内貯蔵所。

問 70 (5) 危険物を倉庫内に貯蔵しておく危険物施設を屋内貯蔵所という。引火点70℃未満の危険物の貯蔵倉庫では、内部に滞留した蒸気を屋根上に放出する設備を設けなければならない。

問 71 (3) 貯蔵倉庫は地盤面から軒までの高さが6m未満の平屋建てだが、特例として基準緩和が認められ、この場合は地盤面から軒までの高さを20m未満とすることができる。

問 72 (5) 危険物を貯蔵する場合の容器の積み重ねは3m以下。ただし、第3石油類、第4石油類、動植物油類は4m以下となる。

問 73 (5) 指定数量の倍数が50を超え200以下の場合は、5m以上。また、200を超える場合は10m以上となっている。保有空地については、指定数量の倍数によって細かく規定されている。壁・柱・床が耐火構造か、そうでないかによっても異なる。

問 74 (4) ポンプ設備の周囲には3m以上の空地を確保する必要がある。水圧試験とは圧力タンクの漏れや変形を調べる試験。水張試験は圧力タンク以外のタンクの漏れや変形を調べるもの。圧力タンクの水圧試験は、最大常用圧力の1.5倍の圧力で10分間行う。

問 75 (1) 屋外タンク貯蔵所とは、屋外に設置されているタンクに危険物を貯蔵し、取り扱う施設をいう。敷地内距離とは敷地境界線からタンク側板までの距離のことで、引火性液体危険物を取り扱う屋外タンク貯蔵所には、敷地内距離が設けてある。

問 76 (2) 屋外貯蔵タンクが崩壊した場合などに備え、貯蔵している危険物の流出を防ぐための設備を防油堤という。高さは0.5m以上、防油堤内の面積は80,000m^{2}以下とする。

問 77 (3) 指定数量の倍数によって、保有空地の幅が規定されている。(3)の指定数量の倍数が1,000を超え2,000以下の場合は、9m以上。問題にはないが、4,000を超える場合は、タンクの直径または高さのうち、大きい数値以上の距離で、15m以上であること。

問 78 (3) 防油堤の容量は、タンク容量(2つ以上のタンクがある場合は、最大容量をもつタンクの容量)の110%以上(非引火性の場合は100%以上)とされている。この場合はガソリンの貯蔵する容量600kLのタンクの110%で660kLとなる。

問 79 (3) 屋内タンク貯蔵所とは、屋内に設置されているタンクに危険物を貯蔵し、取り扱う施設をいう。天井は設けない。

問 80 (1) タンクの容量は、指定数量の40倍以下。第4石油類および動植物油類を除く第4類の危険物については、20,000L以下となる。1つのタンク専用室に2つ以上のタンクを設ける場合は、合計の容量が最大の容量。

問 81 (1) 地下貯蔵タンクに容量の制限はない。

問 82 (2) 地盤面下に設置されているタンクに危険物を貯蔵し、取り扱う施設を地下タンク貯蔵所という。(2)の場合、貯蔵タンクの頂部は地

盤面から0.6m以上、下にあること。

問 83 （3） 簡易貯蔵タンクに危険物を貯蔵し、取り扱う施設を簡易タンク貯蔵所という。簡易貯蔵タンク1基の容量は600ℓ以下である。

問 84 （1） 保安距離の規制はないが、タンクを屋外に設ける場合は、タンクの周囲に1m以上の保有空地が必要となる。

問 85 （2） 移動タンク貯蔵所とは、車両に固定されたタンクに危険物を貯蔵し、取り扱う施設をいう。屋外に常置する場合は、防火上安全な場所とし、屋内の場合は耐火構造または不燃材料で造った建築物の1階とする。

問 86 （5） 移動貯蔵タンクの容量は30,000ℓ以下とし、内部には4,000ℓ以下ごとに3.2mm以上の厚さの間仕切り板を設ける。

問 87 （4） 移動タンク貯蔵所で危険物を移送する場合には、当該危険物を取り扱うことのできる危険物取扱者を乗車させ、免状を携帯する必要がある。

問 88 （2） 屋外貯蔵所とは、屋外で第2類の危険物のうち硫黄等または引火点が0℃以上の引火性固体、および第4類の危険物のうち第1石油類（引火点0℃以上のもの）、アルコール類、第2・3・4石油類、動植物油類を容器に入れた状態で貯蔵し、取り扱う施設をいう。1つの囲いの内部面積は、100m²以下。

問 89 （5） 指定数量の倍数が200を超える場合の空地の幅は、30m以上となっている。ただし、硫黄等の危険物の貯蔵・取り扱いの場合は緩和措置がある。屋外貯蔵所ではさく等を設けるので、そのさく等から起算した空地の幅となる。保安距離については、製造所の基準と同じ。

問 90 （1） 給油設備が設けられた一般のガソリンスタンドを給油取扱所という。固定給油設備の周囲には自動車等が出入りするための間口10m以上、奥行6m以上の空地を保有しなければならない。

問 91 （4） 固定給油設備には、地上式と懸垂式があり、給油ホース・注油ホースの長さはいずれも全長5m以下でなければならない。また、先端に蓄積される静電気を有効に除去する装置を設ける必要がある。

問 92 （5） 顧客に自ら給油等をさせる給油取扱所の設備上の基準として、顧客自らによる給油作業等を直視によって監視すること、制御等を

行う制御卓の設置することが定められている。

問 93 (4) (1)は、地盤面に表示しなければならないとしている。(2)と(3)は、給油設備および注油設備の直近に表示しなければならないとしている。また(5)は、顧客は顧客用の固定給油設備と固定注油設備でのみ、給油等を行うことができるとしている。

問 94 (4) 給油ノズルは、燃料タンクが満量になったときに給油が自動的に停止する構造にしなければならない。

問 95 (4) 顧客用固定注油設備における品目等の表示と彩色は、次のとおり。
　① 「ハイオクガソリン」(「ハイオク」)＝黄色
　② 「ハイオクガソリン(E)」(「ハイオク(E)」)＝ピンク色
　③ 「レギュラーガソリン」(「レギュラー」)＝赤色
　④ 「レギュラーガソリン(E)」(「レギュラー(E)」)＝紫色
　⑤ 「軽油」＝緑色
　⑥ 「灯油」＝青色

問 96 (2) 容器入りの危険物を店舗で販売するために取り扱う施設を販売取扱所という。指定数量の倍数が15以下の第1種販売取扱所と、指定数量の倍数が15を超え40以下の第2種販売取扱所に分かれる。第2種販売取扱所の構造や設備に関する基準は、第1種販売取扱所と比べて厳しく規定されている。

問 97 (4) 出入口の敷居の高さは0.1m以上とする。また、配合室には内部に滞留した可燃性の蒸気または可燃性の微粉を屋根上に排出する設備を設けなければならない。

問 98 (3) 移送取扱所とは、配管・ポンプおよびこれに付属する設備で危険物を移送する施設をいう。配管を市街地の道路下に埋設する場合、原則として深さを1.8m以下にしてはならない。

問 99 (5) 給油取扱所・販売取扱所・移送取扱所以外の取扱所を一般取扱所という。位置・構造および設備の技術上の基準は製造所と同じだが、設備基準の特例が認められている。認められているのは、(1)〜(4)のほか、油圧装置または潤滑油循環装置、切削装置等を設置する施設など。(5)は移送取扱所のこと。

問 100 (4) 指定数量の倍数が30未満で、引火点が40℃以上の第4類危険物。

問 101 (5) 「禁水」は、地が青色で、文字を白色とする。また、「火気注意」

は「火気厳禁」と同様に、地を赤色、文字を白色とする。

問 102 (3)　掲示板に所有者・管理者または占有者の氏名を表示することは定められていない。危険物の施設名も同様。

問 103 (2)　製造所等では、見やすい箇所に製造所等である旨を表示した標識、および防火に関し必要な事項を掲示した掲示板を設けることが義務づけられている。移動タンク貯蔵所には、一辺の長さが0.3m以上0.4m以下の正方形の黒色の板に、黄色の反射塗料等で「危」と表示する。

問 104 (4)　危険物の性状に応じて、「注意事項」を表示した掲示板も必要となる。すべての第4類は「火気厳禁」と表示しなければならない。

問 105 (4)　火災をできるだけ初期のうちに確実に消火するために設置が義務づけられているのが消火設備。消火設備は、第1種から第5種までに分類されている。消火能力は第1種が最も大きく、第5種が最も小さい。第4種消火設備は、大型消火器。

問 106 (1)　所要単位とは、製造所等に対して必要とされる消火能力設備を定める単位。(2)は50m^2、(3)は150m^2、(4)は75m^2、(5)は10倍が正しい。耐火構造でないものは、耐火構造のものの延床面積の半分。

問 107 (4)　消火設備は危険物の火災について、適、不適があり、危険物の種類、電気設備等の対象物の区分に応じて適応性が定められている。

問 108 (2)　同じく消火設備を2個以上設置する必要があるものに移動タンク貯蔵所があるが、移動タンク貯蔵所は自動車用消火器を2個以上となっているので混同しないこと。

問 109 (1)　指定数量の10倍以上の危険物を貯蔵し、取り扱う製造所等に、警報設備の設置が義務づけられている。ただし、移動タンク貯蔵所は除く。

問 110 (4)　警報設備として認められているのは、消防機関に報知できる電話、非常ベル装置、拡声装置、自動火災報知設備、警鐘。

問 111 (1)　この場合の避難設備とは「誘導灯」のこと。(1)の場合と、屋内給油取扱所のうち、給油取扱所の敷地外へ直接通じる避難口が設けられた事務所等。

問 112 (3)　第4類の特殊引火物は、危険等級のⅠに区分されている。

問 113 (1)　危険等級Ⅰに区分されるものとしては、(1)の他、第3類ではカリ

61

ウム、ナトリウム、アルキルアルミニウムなど、第4類の特殊引
火物、第5類の第1種自己反応性物質、第6類の全部。

問 114 (2) (1)、(3)、(5)は危険等級Ⅰ、(4)は危険等級Ⅲに区分される。

問 115 (3) この場合は、原則として指定数量の10倍以下ごとに区分し、かつ、
0.3m以上の間隔をおいて貯蔵する。

問 116 (1) 貯蔵・取り扱いについては、どの製造所等にも共通する技術上の
基準が定められている。品名や数量、倍数を変更しようとする場
合は、その10日前までに市町村長等に届け出る。

問 117 (5) 移動タンク貯蔵所から専用タンクに危険物を注入するときは、固
定給油設備の使用を中止しなければならない。また、自動車等を
注入口に近づけない。

問 118 (2) 積み重ねた高さは原則として3m以下。運搬容器は収納口を上方
に向けて積載する。危険物の運搬とは、車両で危険物を運ぶこと。

問 119 (5) 消火方法を記載する必要はない。(1)～(4)の項目を表示する。

問 120 (3) 完成検査済証のほか、定期点検記録、譲渡・引渡しの届出書およ
び品名・数量または指定数量の倍数の変更の届出書を貯蔵所に備
えつけておかなければならない。

問 121 (3) 危険物を混載する場合、第4類については第1類または第6類と
の混載は禁止されているが、それ以外の類の危険物との混載は可
とされている。なお、この規定は指定数量の10分の1以下の危
険物については適用されない。

混載禁止の組み合わせ

	第1類	第2類	第3類	第4類	第5類	第6類
第1類		×	×	×	×	○
第2類	×		×	○	○	×
第3類	×	×		○	×	×
第4類	×	○	○		○	×
第5類	×	○	×	○		×
第6類	○	×	×	×	×	

ただし、高圧ガス保安法第2条各号に掲げる高圧ガスとは混載が
禁止されている。

問題

2

基礎的な物理学
および
基礎的な化学

問 1 物質の状態変化と熱の出入りについて、次のうち誤っているものはどれか。

(1) 気体が液体に変わることを凝縮(液化)といい、熱を放出する。

(2) 固体が液体に変わることを融解といい、熱を吸収する。

(3) 液体が気体に変わることを気化(蒸発)といい、熱を吸収する。

(4) 固体が気体に変わることを昇華といい、熱を放出する。

(5) 液体が固体に変わることを凝固といい、熱を放出する。

問 2 液体が気体に変わるときに必要な熱は、次のうちどれか。

(1) 生成熱

(2) 中和熱

(3) 気化熱

(4) 燃焼熱

(5) 溶解熱

問 3 気体の体積について、次の文中の(　　)内のA〜Cに当てはまる語句の組み合わせとして、正しいものはどれか。

「一定質量の気体の体積は、圧力に(A)し、絶対温度に(B)する。これを(C)という。」

	A	B	C
(1)	比例	反比例	ボイルの法則
(2)	反比例	比例	ボイルの法則
(3)	比例	比例	ボイル・シャルルの法則
(4)	比例	反比例	ボイル・シャルルの法則
(5)	反比例	比例	ボイル・シャルルの法則

問 4 酸化と還元について、次のうち誤っているものはどれか。

(1) 水素化合物が水素を失うことを酸化という。

(2) 酸化物が酸素を失うことを還元という。

(3) 物質が酸素と化合することを酸化という。

(4) 物質が水素と化合することを還元という。

(5) 酸化と還元は同時に起こらない。

問 5 温度が10℃で、容量20,000 L のガソリンが30℃になると何 L になるか。ガソリンの体膨張率は0.00135K^{-1}とする。

(1) 20,100 L

(2) 20,200 L

(3) 20,300 L

(4) 20,340 L

(5) 20,540 L

問 6 水の組成と性質について、次のうち誤っているものはどれか。

(1) 純水は体積比で水素1、酸素2からなる。

(2) 酸素自体は燃えないが、支燃性が強い。

(3) 水が凝固して氷になると体積は増加する。

(4) 水は4℃で体積が最小となり、密度は最大となる。

(5) 水の密度は4℃で1.000g/cm^{3}である。

問 7 次のpH(水素イオン指数)を示す水溶液のうち、酸性で最も中性に近いものはどれか。

(1) pH 2

(2) pH 6

(3) pH 7

(4) pH 12

(5) pH 14

問 8 沸点に関する説明で、次のうち誤っているものはどれか。

(1) 沸点とは、液体の飽和蒸気圧が大気圧と等しくなったときの温度である。

(2) 液体が蒸発しはじめる温度を、その液体の沸点という。

(3) 大気圧が一定の場合、純粋な液体は一定の沸点をもっている。

(4) 高い山などで液面に加わる大気圧が低くなれば沸点も低くなる。

(5) 沸点の低い可燃性液体は、一般に蒸発しやすい。

問 9 発火点に関する説明で、次のうち正しいものはどれか。

(1) 可燃性物質を加熱したとき、激しく蒸発する最低の温度。

(2) 可燃性物質を加熱したとき、はじめて引火する最低の温度。

(3) 可燃性物質を加熱したとき、点火源があれば燃焼する最低の温度。

(4) 可燃性物質を加熱したとき、空気中で自ら燃えだす最低の温度。

(5) 発火点が大きいほど、物質の危険性が高い。

問 10 第4類危険物に対して消火効果が窒息作用によるもので、かつ電気火災（C火災）に適応する消火器は、次のうちいくつあるか。

┌ 強化液（棒状）消火器、化学泡消火器、粉末消火器、 ┐
└ 二酸化炭素消火器、ハロゲン化物消火器　　　　　　 ┘

(1) 1つ

(2) 2つ

(3) 3つ

(4) 4つ

(5) 5つ

問 11 次のA〜Fの現象で、物理変化の組み合わせとして、正しいものはどれか。

A　ドライアイスが小さくなった。

B　鉄に赤いさびができた。

C　エチルアルコールに水を加えて消毒用アルコールをつくった。

D　ベンゼンが燃えて黒煙をあげた。

E　エチルアルコールを加熱したら沸騰した。

F　水を電気分解すると、水素と酸素になった。

(1)　A、D、E

(2)　B、C、F

(3)　B、D、F

(4)　A、C、E

(5)　C、E、F

問 12 0℃の氷30gを0℃の水にするには何kJの熱量が必要か。氷の融解熱は332J/gとする。

(1)　3.32kJ

(2)　9.96kJ

(3)　99.6kJ

(4)　332kJ

(5)　996kJ

問 13 有機化合物の特性として、次のうち誤っているものはどれか。

(1)　一般に水に溶けないものが多い。

(2)　一般にアルコール、アセトン、エーテルなどによく溶ける。

(3)　一般に融点が300℃以下と低い。

(4)　一般に可燃性である。

(5)　多くは電解質である。

問 **14** 水素（H$_2$）、炭素（C）、エタノール（C$_2$H$_5$OH）の燃焼熱をそれぞれ286kJ/mol、394kJ/mol、1368kJ/molとするとき、エタノールの生成熱は何kJ/molか。ただし、それぞれが完全燃焼する場合の化学反応式は、次の通りである。

$$2H_2 \quad + \quad O_2 \quad \longrightarrow \quad 2H_2O$$
$$C \quad + \quad O_2 \quad \longrightarrow \quad CO_2$$
$$C_2H_5OH \quad + \quad 3O_2 \quad \longrightarrow \quad 2CO_2 \quad + \quad 3H_2O$$

- (1) 278kJ/mol
- (2) 556kJ/mol
- (3) 688kJ/mol
- (4) 2048kJ/mol
- (5) 3014kJ/mol

問 **15** 比熱の説明で、次のうち正しいものはどれか。

- (1) 物質1gが液体から気体に変化するときに必要な熱量
- (2) 物質1gを温度1Kだけ高めるのに必要な熱量
- (3) 物質に1Jの熱を加えたときの温度上昇の割合
- (4) 物質を圧縮したときに発生する熱量
- (5) 物質が水を吸収するときに発生する熱量

問 **16** 酸素の性質について、次のうち誤っているものはどれか。

- (1) 支燃性がある。
- (2) 比重は空気よりわずかに大きい。
- (3) 空気中に約21％含まれている。
- (4) 可燃性である。
- (5) 気体の酸素は無色、無臭である。

問 17 20℃のエチルアルコール100gと4℃の水200gとを混合した場合、混合後の温度は約何℃になるか。エチルアルコールの比熱は2.4J/g・K、水の比熱を4.2J/g・Kとし、熱の生成や他への熱の出入りはないものとする。

(1) 2.0℃

(2) 4.0℃

(3) 7.6℃

(4) 8.0℃

(5) 9.3℃

問 18 引火点に関する説明で、次のうち正しいものはどれか。

(1) 蒸気が発生しはじめたときの最低の温度をいう。

(2) 蒸気が燃焼しはじめたときの炎の温度をいう。

(3) 点火源がなくても自ら燃えだす最低の温度をいう。

(4) 蒸気の濃度が燃焼範囲の下限値に達したときの液温をいう。

(5) 蒸気の濃度が燃焼範囲の上限値に達したときの液温をいう。

問 19 可燃物が燃焼しやすい条件のうち、最も適当なものはどれか。

	燃焼熱	電気伝導度	酸素との接触面積
(1)	大	小	小
(2)	小	大	大
(3)	大	小	大
(4)	小	小	小
(5)	大	大	大

問 20 消火剤と消火効果について、次のうち誤っているものはどれか。

(1) 水による消火は窒息効果が冷却効果より大きい。

(2) 泡による消火は、窒息効果が主である。

(3) 粉末消火剤による消火は窒息と抑制効果が大きい。

(4) 二酸化炭素による消火は窒息効果が主である。

(5) ハロゲン化物消火剤による消火は、窒息と抑制効果が大きい。

問 21 物質の状態変化を表す次のA～Eに当てはまるものの組み合わせとして、正しいものはどれか。

A 固体 —→ 気体

B 液体 —→ 気体

C 気体 —→ 液体

D 液体 —→ 固体

E 固体 —→ 液体

	A	B	C	D	E
(1)	昇華	蒸発	融解	凝縮	凝固
(2)	蒸発	昇華	凝縮	融解	凝固
(3)	昇華	蒸発	融解	凝固	凝縮
(4)	蒸発	昇華	凝固	融解	凝縮
(5)	昇華	蒸発	凝縮	凝固	融解

問 22 「すべての気体は同温、同圧において同体積内に同数の分子を含む」という法則は、次のうちどれか。

(1) ボイル・シャルルの法則

(2) アボガドロの法則

(3) 倍数比例の法則

(4) 定比例の法則

(5) 気体反応の法則

問 23 物理変化と化学変化の現象について、次のうち誤っているものはどれか。

(1) アルコールに水を加えると溶解するのは、物理変化である。

(2) 水を電気分解して水素と酸素に分けるのは、化学変化である。

(3) 鉄を空気中に放置したら赤いさびができるのは、物理変化である。

(4) 空気を圧縮したら発熱するのは、物理変化である。

(5) 木炭が燃えて二酸化炭素となるのは、化学変化である。

問 24 単体、化合物、混合物の組合せとして、次のうち正しいものはどれか。

	単体	化合物	混合物
(1)	食塩	食塩水	窒素
(2)	炭素	メチルアルコール	空気
(3)	水素	煙	硫酸
(4)	炭素	ベンゼン	水
(5)	酸素	ガソリン	アンモニア

問 25 物質の変化についての用語の説明で、次のうち誤っているものはどれか。

(1) 化合とは2種類以上の物質が統合し、まったく性質の異なる新しい物質ができる変化をいう。

(2) 分解は1つの物質からまったく性質の異なる2種類以上の新しい物質ができる変化をいう。

(3) 置換とは、ある化合物中の原子または原子団が他の原子または原子団で置き換わる変化をいう。

(4) 重合とは、同一分子が2分子以上結合して大きな分子量の物質をつくる反応をいう。

(5) 潮解とは、結晶水を含んだ物質が空気中で結晶水を失って粉末になる現象をいう。

熱膨張について、次のうち誤っているものはどれか。

(1) 一般に、液体は温度上昇とともに体積を増す。

(2) 一般に、固体は温度上昇とともに体積を増す。

(3) 固体の膨張には体膨張と線膨張がある。

(4) 気体の体積は一定圧力のもとでは温度が1℃上下するごとに、その気体が0℃において占める体積の約100分の1ずつ増減する。

(5) 水は約4℃で密度は最大となる。

問 27 炭素の原子量は12、炭素が完全燃焼するときに発生する熱量は394kJ/molである。発生した熱量が1,182kJであったとすると、炭素は何g完全燃焼したことになるか。

(1) 24g

(2) 12g

(3) 36g

(4) 48g

(5) 60g

問 28 ベンゼン(C_6H_6)39gに含まれる炭素原子の物質量は何molか。ただし、Cの原子量を12、Hの原子量を1とする。

(1) 0.3mol

(2) 0.5mol

(3) 3.0mol

(4) 5.0mol

(5) 30.0mol

問 29 酸化についての説明で、次のうち正しいものはどれか。

(1) 水を水素と酸素に分解すること。

(2) 物質が水素を失うこと。

(3) 物質が電子を得ること。

(4) 物質が水に溶けて酸性溶液になること。

(5) 物質が分解して酸素を発生すること。

問 30 次の物質のうち、最も蒸気比重の大きいものはどれか。原子量はH＝1、C＝12、O＝16とする。

(1) 水素
(2) 酸素
(3) 二酸化炭素
(4) ベンゼン
(5) メチルアルコール

問 31 5℃のエチルアルコール200gを15℃に高めるには何kJ必要か。エチルアルコールの比熱は2.39J/g・Kとする。

(1) 2.39kJ
(2) 4.78kJ
(3) 7.17kJ
(4) 9.56kJ
(5) 10.8kJ

問 32 20℃のガソリン10,000Lを温めたら10,200Lになった。このときのガソリンの温度は何℃か。ガソリンの体膨張率は0.00135 K^{-1} とする。

(1) 約33℃
(2) 約35℃
(3) 約37℃
(4) 約39℃
(5) 約41℃

湿度に関する説明で、次のうち誤っているものはどれか。

(1) 空気が含み得る最大水蒸気量を飽和水蒸気量という。

(2) 空気に含まれる水蒸気量が最大限含み得る水蒸気量の何％かを表すのが相対湿度である。

(3) 気温が変化すると、相対温度の値も変化する。

(4) 過去の湿度を考慮に入れた湿度を実効湿度というが、火災発生、延焼の危険性に大いに関係する。

(5) 湿度が高ければ火災危険が多く、低ければ火災危険は少ない。

問 34 200gの水に20gの食塩を溶かした溶液の濃度は、約何％か。

(1) 9.1％

(2) 9.5％

(3) 10.0％

(4) 10.5％

(5) 11.0％

問 35 次の記述のうち、誤っているものはどれか。

(1) 沸点は外界の圧力の大小に左右される。

(2) 大気圧が高くなると、蒸気圧も高くなる。

(3) 液体が沸騰する温度は、外圧の大小にしたがって変わる。

(4) 水に塩を入れると、0℃では凍らない。

(5) 水に砂糖を入れると、沸点は100℃より低くなる。

問 36 温度を一定に保ちながら、3気圧で3.0Lの気体を1.0Lに圧縮すると、圧力は何気圧になるか。

(1) 1気圧

(2) 2気圧

(3) 3気圧

(4) 6気圧

(5) 9気圧

問 37 次の文中の（　）内のA～Cに当てはまる語句の組み合わせとして、正しいものはどれか。

「燃焼とは（　A　）と（　B　）の発生を伴う（　C　）である。」

	A	B	C
(1)	炎	光	分解反応
(2)	炎	熱	分解反応
(3)	熱	光	酸化反応
(4)	熱	煙	還元反応
(5)	熱	光	還元反応

問 38 引火点が20℃の物質について、次のうち正しいものはどれか。

(1) 液温と周囲の温度がともに20℃のときにのみ引火する。

(2) 液温が20℃になると自然発火する。

(3) 液温が20℃以上になりさえすれば、周囲の気温と関係なく引火する。

(4) 液温が20℃以下であっても、周囲の気温がそれ以上になれば引火する。

(5) 液温が20℃以上でも、周囲の気温がそれ以下なら引火しない。

問 39 可燃物を空気中で加熱した場合、他から点火されなくても自ら発火するに至る温度はどれか。

(1) 発火点

(2) 引火点

(3) 燃焼点

(4) 気化点

(5) 爆発点

問 40 ガソリンの爆発範囲が混合気に対する可燃性気体の容量1.4％から7.6％であるとき、ガソリンの蒸気1Lに対して空気をある量で混合したとき、燃焼や爆発しない量は次のうちどれか。

(1) 75 L

(2) 64 L

(3) 34 L

(4) 24 L

(5) 14 L

問 41 消火設備の組み合わせとして、次のうち誤っているものはどれか。

(1) 第1種　屋内消火栓設備、屋外消火栓設備

(2) 第2種　スプリンクラー設備

(3) 第3種　不活性ガス消火設備

(4) 第4種　泡を放射する小型消火器

(5) 第5種　ハロゲン化物を放射する小型消火器

問 42 次の物質のうち、蒸気比重が2.7に最も近いものはどれか。

(1) メチルアルコール（CH_3OH）（分子量32）

(2) ニトロベンゼン（$C_6H_5NO_2$）（分子量123）

(3) ベンゼン（C_6H_6）（分子量78）

(4) アセトン（CH_3COCH_3）（分子量58）

(5) エチルアルコール（C_2H_5OH）（分子量46）

問 43 静電気災害を防止する対策として、次のうち誤っているものはどれか。

(1) 室内の空気をイオン化する。

(2) 室内の湿度を下げる。

(3) 導電性材料を使用する。

(4) 電気的に導線を接続し、設置（アース）する。

(5) 液体の流速を制限する。

問 44 酸と塩基についての説明で、誤っているものはどれか。

(1) 水溶液中では、酸は水酸化物イオンを、塩基は水素イオンをだす。

(2) 水酸化カルシウムは塩基である。

(3) 酸は酸味があり、青色リトマス試験紙を赤変させる。

(4) 塩基は赤色リトマス試験紙を青変させる。

(5) 酸と塩基から塩と水ができる反応を中和という。

問 45 燃焼の仕方とその種類の組み合わせとして、次のうち誤っているものはどれか。

(1) 木炭が燃える ──────→ 表面燃焼

(2) ガソリンが燃える ──→ 蒸発燃焼

(3) 木材が燃える ──────→ 分解燃焼

(4) コークスが燃える ──→ 分解燃焼

(5) 灯油が燃える ──────→ 蒸発燃焼

問 46 次の文中の（　　）内のA、Bに当てはまる語句の組み合わせとして、正しいものはどれか。

「可燃性液体は、その蒸気と空気とがある濃度の（ A ）内に混合している場合にのみ燃焼する。その（ A ）の下限の濃度の蒸気が発生するときの液体の温度を（ B ）といい、その濃度になって炎や火花を近づけると燃焼する。」

	A	B
(1)	燃焼上限界	発火点
(2)	燃焼下限界	引火点
(3)	燃焼温度	燃焼点
(4)	燃焼範囲	引火点
(5)	燃焼範囲	発火点

水の状態変化と熱の出入りについて、次のうち誤っているもの
はどれか。

(1) 氷が水になるときは、外部から熱が必要である。

(2) 水が氷になるときは、外部に熱を放出する。

(3) 氷が水蒸気になるときは、外部に熱を放出する。

(4) 水が水蒸気になるときは、外部から熱が必要である。

(5) 水蒸気が水になるときは、外部に熱を放出する。

化学用語の説明で、次のうち誤っているものはどれか。

(1) 液体1gが気化するときに吸収する熱を気化熱という。

(2) 固体または液体の質量と、同体積の1気圧4℃の純粋な水の質量の比
をその物体の比重という。

(3) 温度が高くなるにつれてその物体の体積が増す現象を熱膨張という。

(4) 酸化とは、物質が水素と化合する反応である。

(5) 液体が気体に変わることを蒸発または気化といい、逆に気体が液体に
変わることを凝縮または液化という。

次のA〜Fのうち、化学変化であるものの組み合わせはどれか。

A ベンゼンが黒煙をあげて燃えた。

B ドライアイスが常温常圧で二酸化炭素になった。

C 水を電気分解すると水素と酸素になった。

D ガソリンの流動によって静電気が発生した。

E エチルアルコールが青白い炎をあげて燃えた。

F ニクロム線に電流を通したら赤く発熱した。

(1) A、B

(2) A、C、E

(3) E、F

(4) C、D

(5) B、D、F

問 50 水に関する説明で、次のうち誤っているものはどれか。

(1) 水の沸点は100℃（1気圧）である。

(2) 気圧が下がれば水の沸点は下がる。

(3) 水とガソリンを混合すると、比重の小さいガソリンが浮く。

(4) 氷の融点は0℃（1気圧）である。

(5) 水の比熱は物質の中で最小である。

問 51 比重の大きい金属から小さい金属へと並べたもののうち、誤っているものはどれか。

(1) 鉄、銅、銀

(2) 白金、金、水銀

(3) 金、水銀、銀

(4) 銀、亜鉛、アルミニウム

(5) 亜鉛、アルミニウム、マグネシウム

問 52 金属の特性として、次のうち誤っているものはどれか。

(1) 水銀などを除き、常温で固体である。

(2) 金属光沢をもち、展性、延性に富んでいる。

(3) 金属ごとの固有の融点がない。

(4) ナトリウムなどは例外だが、一般に比重が大きい。

(5) 熱や電気の良導体である。

問 53 次の現象のうち、熱を発生するものはどれか。

(1) 氷が融けて水になる。

(2) 水が水蒸気になる。

(3) ナフタレンが気体になる。

(4) 気体を圧縮する。

(5) 窒素ガスが酸素と化合する。

基礎的な物理学および基礎的な化学

問 54 圧力一定で、0℃の気体を加熱したとき、100℃における体積は、0℃のときの体積の何倍となるか。ただし、気体の体積は温度が1℃上がるごとに0℃のときの体積の $\frac{1}{273}$ ずつ膨張する。

(1) 1.2倍

(2) 1.4倍

(3) 1.6倍

(4) 1.8倍

(5) 2.0倍

問 55 次の記述のうち、正しいものはどれか。

(1) ナタネ油の比熱は、水より大きい。

(2) 銀の熱伝導率は、二酸化炭素より小さい。

(3) 一般に液体が凝固する際には、その融解熱に等しい熱を放出する。

(4) 対流現象は、熱のため物質の比重が小さくなったときのみ起こる。

(5) 固体の線膨張は、体膨張より大きい。

問 56 熱の移動(伝導、対流、輻射)について、次のうち誤っているものはどれか。

(1) 熱伝導率は、気体の方が固体、液体より大きい。

(2) 熱の伝導の度合いは物質によって異なるが、その度合いを熱伝導率という。

(3) 熱せられた物質が放射熱をだして他の物体に熱を与えることを輻射(放射)という。

(4) 対流は、温度差によって熱が物質の運動に伴って移ることをいう。この運動は主に熱による物質の比重の変化によって起こる。

(5) 熱が物質中をつぎつぎと隣の部分に伝わっていく現象を伝導という。

問 57 静電気について、次のA〜Eのうち誤っているものはいくつあるか。

A　静電気の蓄積を防止するには、湿度を低くした方がよい。

B　静電気が原因の火災では、燃焼物に対応した消火方法をとればよい。

C　静電気は、一般的に物体の摩擦等が原因して発生する。

D　石油類等を取り扱う場合に静電気に注意する必要があるのは、静電気の放電火花が点火源となり得るからである。

E　石油類等をホースなどによって移送する場合に発生する静電気の量は、流速が速いほど大きい。

(1)　1つ

(2)　2つ

(3)　3つ

(4)　4つ

(5)　5つ

問 58 次のうち物理変化はどれか。

(1)　亜鉛板を希硫酸に浸したら水素が発生した。

(2)　ベンゼンが黒煙をあげて燃えあがった。

(3)　アルコールを燃やしたら、二酸化炭素と水が生じた。

(4)　鉄を空気中に放置したら赤いさびができた。

(5)　ガソリンが流動によって静電気を発生させた。

問 59 次の単体、化合物および混合物について、混合物のみの組合せとして、次のうち正しいものはどれか。

(1)　　空気　　　　ナトリウム　　　　水

(2)　アセトン　　　　硫黄　　　　ガソリン

(3)　カリウム　　　　煙　　　　酢酸

(4)　　銀　　　二酸化炭素　　ベンゼン

(5)　ガソリン　　　　空気　　　　煙

問 60 アセトン（CH₃COCH₃）の蒸気比重（空気＝1）は次のうちどれか。原子量はH＝1、C＝12、O＝16、空気の平均分子量を29とする。

(1) 約1.2
(2) 約1.6
(3) 約2.0
(4) 約2.4
(5) 約3.2

問 61 次の記述のうち、誤っているものはどれか。

(1) 水に溶けたとき陽イオンと陰イオンに分かれることを溶解という。
(2) 水に溶けたとき電離して水酸化物イオン（OH^-）を生じるものを塩基という。
(3) 水に溶けたとき電離して水素イオン（H^+）を生じるものを酸という。
(4) 酸と塩基を反応させると塩と水を生じるが、この反応を中和という。
(5) 水溶液の酸性や塩基性の度合いを表すのに、水素イオン指数を用いることがある。これをpHという記号で表す。

問 62 次の記述のうち、誤っているものはどれか。

(1) 一酸化炭素は空気中で燃える。
(2) 中和反応では水と塩ができる。
(3) 二酸化炭素は炭素が還元されたものである。
(4) 酸と塩基が反応すると中和する。
(5) 酸化は物質が酸素と化合することである。

問 63 燃焼が起きるために点火源が必要な理由は次のうちどれか。

(1) 空気の対流が起きて酸素の接触がよくなるため。
(2) 酸化させるには点火エネルギーが必要であるため。
(3) 引火点や発火点が常温まで下がるため。
(4) 可燃物中の水分を飛ばすと燃えやすくなるため。
(5) 燃焼は吸熱反応であるため。

問 64 燃焼の三要素がそろっている組合せとして正しいものは、次のうちどれか。

(1)　　　酸素　　　　　　　ヘリウム　　　　　　静電気火花
(2)　　　水素　　　　　　　エタノール　　　　　電気火花
(3)　　　水素　　　　　　　灯油　　　　　　　　赤外線
(4)　一酸化炭素　　　　　　ガソリン　　　　　　紫外線
(5)　　　空気　　　　ジエチルエーテル　　　　　静電気火花

問 65 次の語句の説明で誤っているものはどれか。

(1)　分解は１つの物質から異なる２種類以上の新しい物質になることをいう。
(2)　融解は固体が液体になることをいう。
(3)　潮解は固体の物質が空気中の水分を吸収して湿って溶解することをいう。
(4)　風解は結晶水を含む物質がその結晶水を失って粉末状になることをいう。
(5)　溶解は水のように２種以上の元素から新しい物質ができることをいう。

問 66 次の単体、化合物、混合物に関する記述のうち正しいものはどれか。

(1)　空気は酸素と窒素の化合物である。
(2)　酸素は単体であるが、オゾンは化合物である。
(3)　水は水素と酸素の化合物である。
(4)　エチルアルコールは原油と同様に種々の炭水化物の混合物である。
(5)　硫黄、亜鉛は２種以上の元素からできているので化合物である。

問 67 ガソリンの蒸気比重は次のうちどれか。

(1)　0.65〜0.75
(2)　1.4〜7.6
(3)　2〜2.5
(4)　3〜4
(5)　40〜200

問 68 危険物を収納する容器には空間容積を必要とするが、これに最も関係ある現象はどれか。

(1) 熱伝導

(2) 線膨張

(3) 蒸気圧

(4) 蒸発抑制

(5) 体膨張

問 69 沸騰に関する説明で、次のうち誤っているものはどれか。

(1) 沸騰はその液体の蒸気圧と外気圧が等しくなったときに起こる。

(2) 水の沸点は外気圧が高くなれば高くなる。

(3) 沸点の低い化合物は一般に蒸発しやすい。

(4) 液体が蒸発しはじめる温度を沸点という。

(5) 水に砂糖を溶かすと沸点は100℃より高くなる。

問 70 可燃性液体の燃焼の仕方として、正しいものはどれか。

(1) 可燃性液体そのものが燃える。

(2) 液体表面から発生する蒸気が空気と混合して燃焼する。

(3) 可燃性液体は発火点以上にならないと燃焼しない。

(4) 可燃性液体は酸素がなくても燃焼する。

(5) 液体が熱によって分解し、その際に発生する可燃性ガスが燃焼する。

問 71 次の文中の（　　）内のA〜Cに当てはまる語句の組み合わせとして、正しいものはどれか。

「自然発火とは点火源を与えなくても物質が常温の空気中で自然に（ A ）してその熱が長時間（ B ）されて（ C ）に達し燃焼を起こす現象である。」

	A	B	C
(1)	発熱	放出	発火点
(2)	吸熱	蓄積	発火点
(3)	発熱	蓄積	発火点

(4)　吸熱　　　放出　　　引火点

(5)　発熱　　　蓄積　　　引火点

問 72　第4類危険物の火災に適切ではない消火器は、次のうちどれか。

(1)　粉末（ABC）消火器

(2)　泡消火器

(3)　霧状の強化液を放射する消火器

(4)　霧状の水を放射する消火器

(5)　二酸化炭素消火器

問 73　有機化合物ではない物質は、次のうちどれか。

(1)　ガソリン

(2)　メタン

(3)　アセトン

(4)　アンモニア

(5)　プロパン

問 74　有機化合物について、次のうち誤っているものはどれか。

(1)　有機化合物は、鎖式化合物と環式化合物の2つに大別される。

(2)　有機化合物の成分元素は、主に炭素・水素・酸素・窒素である。

(3)　有機化合物は、一般に水に溶けないものが多い。

(4)　有機化合物の多くは、完全燃焼すると二酸化炭素と水になる。

(5)　有機化合物は、一般に不燃性である。

問 75　静電気に関する説明で、次のうち誤っているものはどれか。

(1)　静電気は、一般に電気の不良導体の摩擦等によって発生する。

(2)　引火性液体が給油ホース内を流れると、静電気が発生しやすい。

(3)　静電気は、蓄積すると放電火花を生じることがある。

(4)　物質に静電気が蓄積すると発熱し、まれに自然発火することがある。

(5)　静電気は、湿度が低いほど発生しやすく、蓄積しやすい。

問 76 火災の危険性が小さいものの説明で、次のうち正しいものはどれか。

(1) 酸素との接触面積が大きいもの

(2) 燃焼範囲の下限値が高いもの

(3) 熱容量が大きいもの

(4) 発火点が低いもの

(5) 引火点が低いもの

問 77 蒸発燃焼するものは、次のうちいくつあるか。

> プロパンガス、コークス、ガソリン、ベンゼン、セルロイド、
> 灯油、軽油、石炭、木炭、木材、メチルアルコール

(1) 1つ

(2) 2つ

(3) 3つ

(4) 4つ

(5) 5つ

問 78 液体についての説明で、次のうち誤っているものはどれか。

(1) 外気の圧力が低くなれば、沸点も低くなる。

(2) 外気の圧力は大きいほど、高い温度で沸騰する。

(3) 液体の蒸気圧は、液体の温度が上昇するとともに高くなる。

(4) 液体が同じ温度の蒸気に変わって放出される熱を気化(蒸発)熱という。

(5) 液体の蒸気圧が大気圧以上になると沸騰する。

問 79 消火の理論についての説明で、次のうち誤っているものはどれか。

(1) 燃焼の3要素である可燃物、支燃物、熱源のうち、1つ以上を除去または抑制すれば、消火できる。

(2) 冷却作用による消火とは、可燃物の温度を下げることによる消火である。

(3) 一般に空気中の酸素濃度を15%(容量)以下にすると、消火できる。

(4) 可燃物の除去とは、燃焼に必要な酸素を除去する消火方法である。

(5) 不燃性ガスの主な消火作用は、窒息作用である。

問 80 消火の方法とその消火効果を組み合わせたものとして、次のうち正しいものはどれか。

(1) ガスの元栓を閉める ――――――――― 窒息効果
(2) 油火災に泡消火剤を放出して消す ―― 負触媒効果
(3) 水をかけて消す ―――――――――― 窒息効果
(4) アルコールランプのふたをする ――― 除去効果
(5) ロウソクの火を吹いて消す ―――――― 除去効果

問 81 消火剤として使用されないものは、次のうちどれか。

(1) ジブロモテトラフルオロエタン
(2) 一酸化炭素
(3) 二酸化炭素
(4) リン酸アンモニウム
(5) 硫酸アルミニウム

問 82 地中に埋設された危険物の金属製配管を電気化学的な腐食から守るために、配管に異種金属を接続する方法がある。配管が鋼製の場合、次のA〜Eに掲げる金属のうち、効果のある組み合わせとして、正しいものはどれか。

A 亜鉛
B アルミニウム
C スズ
D 銅
E マグネシウム

(1) A、B、C
(2) A、B、E
(3) A、D、E
(4) B、C、D
(5) C、D、E

基礎的な物理学および基礎的な化学

問 1 (4) 固体→液体→気体の方向が熱の吸収、気体→液体→固体の方向が熱の放出である。

問 2 (3) 液体1gが気化するときに吸収する熱を気化熱といい、水1gであれば100℃の沸点で2256.7J/gになる。なお固体が融解するときが融解熱、固体が昇華するときが昇華熱である。

問 3 (5) 「一定質量の気体の体積は、一定温度を保った状態では圧力に反比例する」(ボイルの法則)。「一定圧力ならば、気体の体積は絶対温度に比例する」(シャルルの法則)。この2つの法則を組み合わせた法則が、ボイル・シャルルの法則である。

問 4 (5) 酸化と還元は必ず同時に起こる。X物質がY物質によって酸化されるなら、Y物質は必ず還元されている。

問 5 (5) 20,000 Lのガソリンの温度が20℃(10℃から30℃)上がった場合、温度が1℃上がったときの体膨張率0.00135K^{-1}より、20,000 L×20×0.00135＝540 L 増える。したがってもとの体積と合わせ、20,000 L ＋540 L ＝20,540 L になる。

問 6 (1) 純水は体積比で水素2、酸素1からなる。

問 7 (2) pH(水素イオン指数)は水溶液の酸性や塩基性(アルカリ性)の度合いを表すのに用いる。酸性はpH＜7で、7に近いほど酸性がが弱い。pH＝7が中性で、pH＞8が塩基性である。

問 8 (2) 沸点とは、蒸気圧が大きくなり大気圧と等しくなったときの温度をいう。液体が飽和蒸気圧にならず気体に変わることは蒸発という。

問 9 (4) 空気中で可燃性物質を加熱したときに、火炎や火花などを近づけなくても発火し、燃焼を開始する最低の温度を発火点という。

問 10 (3) 窒息作用によるもので、かつ電気火災(C火災)に適応する消火器は粉末消火器、二酸化炭素消火器、ハロゲン化物消火器であり、化学泡消火器は電気火災に不適応である。強化液(棒状)消火器は窒息作用でなく抑制・冷却作用である。

問 11 (4) 物理変化とは、物質の本質的な性質は変化せず、形や形態、寸法等が変わることをいう。B、D、Fは化学変化。

問 12 (2) 0℃の氷(固体)1gが0℃の水(液体)に状態変化するためには332Jの熱量が必要である。したがって30gでは、332J/g×30g＝9960J＝9.96kJの熱量が必要である。

問 13 (5) 有機化合物の多くは非電解質である。

問 14 (1) 燃焼熱は1molあたりの物質が燃焼するときの反応熱なので、与えられた化学反応式を1molあたりに合わせる。

$$H_2 + \frac{1}{2}O_2 = H_2O + 286kJ \qquad \cdots ①$$
$$C + O_2 = CO_2 + 394kJ \qquad \cdots ②$$
$$C_2H_5OH + 3O_2 = 2CO_2 + 3H_2O + 1368kJ \quad \cdots ③$$

エタノールの生成熱を表す式は、

$$2C + 3H_2 + \frac{1}{2}O_2 = C_2H_5OH + Q[kJ]$$

①×3＋②×2－③より、

$$Q = 286kJ×3 + 394kJ×2 - 1368kJ = 278kJ$$

$$3H_2 + \frac{3}{2}O_2 = 3H_2O + 286kJ×3$$
$$2C + 2O_2 = 2CO_2 + 394kJ×2$$
$$+\underline{)\quad 2CO_2 + 3H_2O = C_2H_5OH + 3O_2 - 1368kJ\qquad}$$
$$2C + 3H_2 + \frac{1}{2}O_2 = C_2H_5OH + \underline{278KJ}$$

問 15 (2) 物質1gの温度を1K(1℃)だけ高めるのに必要な熱量が比熱。

問 16 (4) 空気の平均分子量は29、酸素の分子量は16×2＝32であり、酸素の蒸気比重は1.1である。物質が燃えるには酸素が必要である(支燃性)が、酸素は可燃性ではない。

問 17 (3) 混合液の温度をA℃とすると、20℃のエチルアルコールは熱量を放出してA℃に温度が下がり、そのとき放出する熱量は2.4×100×(20－A)Jである。

4℃の水はエチルアルコールの放出した熱量をもらって温度はA℃に上昇する。そのときもらう熱量は4.2×200×(A－4)Jである。この2つは等しいので、2.4×100×(20－A)＝4.2×200×(A－4)、これを変形すると240×(20－A)＝840×(A－4)、したがって4800－240A＝840A－3360、よって答えはA＝7.56℃。

問 18 (4) 引火点とは、その液体が空気中で点火したときに、燃えだすのに

十分な濃度の蒸気を液面上に発生する最低の液温、つまり蒸気の燃焼範囲（爆発範囲）の下限値に達したときの液温である。

問 19 (3) 酸化されやすいもの、発熱量（燃焼熱）が大きいもの、電気伝導度が小さいもの、酸素との接触面積が大きいもの、さらに乾燥度のよいものは燃えやすい。

問 20 (1) 水は水蒸気になると1,700倍に膨張するので窒息効果もあるが、冷却効果の方が大きい。

問 21 (5) Aは昇華、Bは気化、Cは凝縮、Dは凝固、Eは融解である。

問 22 (2) 「すべての気体は同温、同圧において同体積内に同数の分子を含み、すべての気体1molは標準状態（0℃、1気圧）で約22.4Lの体積を占め、その中に$6.02×10^{23}$個（アボガドロ数）の気体分子を含む」という法則はアボガドロの法則である。

問 23 (3) 鉄にさびができる変化は化学変化である。

問 24 (2) 単体には水素、酸素、炭素、窒素、金、銀、銅、水銀、硫黄、リン、亜鉛、ナトリウムなどが、化合物には水、ベンゼン、硫酸、メチルアルコール、メタン、アンモニアなどが、混合物にはガソリン、灯油、軽油、食塩水、空気、ガラス、煙、海水などがある。

問 25 (5) 潮解は固体物質が空気中の水分を吸収して、べとつくことであり、選択肢は「風解」の内容である。

問 26 (4) 一定質量の気体は一定圧力のもとでは温度が1℃上下するごとに気体が0℃において占める体積の273分の1ずつ増減する（シャルルの法則）。

問 27 (3) 炭素の原子量は12である。炭素が完全燃焼するとき、394KJ/molの熱が発生するから、求める炭素の質量をAgとすると、$A : 12 = 1,182 : 394$。したがって$A = 36$gである。

問 28 (2) 物質量を求める計算式は、原子量をM、質量をmとすると、$\dfrac{m}{M}$である。

ベンゼン（C_6H_6）の原子量は、$(12×6)+(1×6)=78$。

ベンゼンの質量は39gであることから、$\dfrac{39}{78}$。よって、0.5mol。

問 29 (2) 酸化は、物質が酸素と化合することで、広い意味では水素化合物が水素を失うこともいう。

問 30 (4) 空気の平均分子量は約29である。
- (1) $1 \times 2 = 2$ H_2 $2 \div 29 = 0.069$
- (2) $16 \times 2 = 32$ O_2 $32 \div 29 = 1.103$
- (3) $12 + 16 \times 2 = 44$ CO_2 $44 \div 29 = 1.517$
- (4) $12 \times 6 + 1 \times 6 = 78$ C_6H_6 $78 \div 29 = 2.690$
- (5) $12 + 1 \times 3 + 16 + 1 = 32$ CH_3OH $32 \div 29 = 1.103$

問 31 (2) 物体の温度を$1K$（$1℃$）上昇させるのに必要な熱量を熱容量という。比熱をs、質量をm、熱容量をQとすると$Q(J/K) = s \cdot m$から
$(15 - 5) \times 2.39 \times 200 = 4,780J = 4.78kJ$。

問 32 (2) $10,000 \times A \times 0.00135 = 10,200 - 10,000$から$A = 14.8℃$。
$20℃ + 14.8℃ = 34.8℃$より、約$35℃$。

問 33 (5) 物体は空気中の湿度の影響を受け、吸湿または乾燥するため、乾燥期と雨期とでは水蒸気の含有量に違いが大きい。湿度の低いときは火災の危険性は高く、湿度が高いと危険性は低い。

問 34 (1) 質量パーセント濃度$= \dfrac{溶質の質量}{溶液の質量} \times 100（\%）$から$\dfrac{20}{200 + 20} \times 100 = 9.09（\%）$より、約$9.1\%$。

問 35 (5) 液体に非揮発性物質を溶かすと沸点が上がり（沸点上昇）、液体に他の物質を溶かすと凝固点が下がる（凝固点低下）。したがって水に砂糖を入れると$100℃$以上にならないと沸騰しない。

問 36 (5) 一定温度における気圧と気体の体積の計算は、ボイルの法則で求める。一定質量の圧力は、気体の体積と反比例するため、体積が3分の1となったぶん、圧力は3倍となる。よって、$3 \times 3 = 9$。

問 37 (3) 酸化反応のうち、発熱が大きく発光を伴うものを燃焼という。なお、鉄が酸化してさびても、反応熱が小さいので燃焼ではない。

問 38 (3) 引火点は、周囲の気温とは関係ない。

問 39 (1) 火炎や火花を近づけなくても、可燃物を空気中で加熱したときに自ら発火を開始する最低の温度を発火点という。

問 40 (1)
- (1) $\dfrac{1}{1 + 75} \times 100 = 1.32\%$
- (2) $\dfrac{1}{1 + 64} \times 100 = 1.54\%$
- (3) $\dfrac{1}{1 + 34} \times 100 = 2.86\%$

(4) $\dfrac{1}{1+24}\times100=4.0\%$

(5) $\dfrac{1}{1+14}\times100=6.67\%$

爆発範囲1.4～7.6%でないものは(1)のみ。

問 41 (4) 第4種消火設備は大型消火器である。

問 42 (3) 物質の分子量を空気の平均分子量29で割ると蒸気比重になる。ベンゼンの78を29で割ると2.7に最も近い。

問 43 (2) 室内の湿度を下げると物体表面の水分が少なくなり、静電気は漏えいせずに蓄積してしまう。

問 44 (1) 水溶液中では、酸は水素イオンを、塩基は水酸化物イオンを出す。

問 45 (4) コークスが燃えるのは表面燃焼である。

問 46 (4) 燃焼範囲の下限の濃度の蒸気を発生させる温度が引火点である。

問 47 (3) 氷が水蒸気になるときは、熱を吸収する。(外部からの熱が必要である。)

問 48 (4) 酸化とは、水素化合物が水素を失うことである。物質が水素と化合するのは還元である。

問 49 (2) B、D、Fは物理変化である。

問 50 (5) 水の比熱は4.217〔J/g・℃〕(0℃)、石油は1.967〔J/g・℃〕、金は0.129〔J/g・℃〕である。

問 51 (1) ⑴ 鉄7.87、銅8.96、銀10.5

⑵ 白金21.4、金19.3、水銀13.5

⑶ 金19.3、水銀13.5、銀10.5

⑷ 銀10.5、亜鉛7.13、アルミニウム2.7

⑸ 亜鉛7.13、アルミニウム2.7、マグネシウム1.74

問 52 (3) 金属ごとに固有の融点をもっている(鉄1,540℃、銅1,083℃)。

問 53 (4) 気体を圧縮すると熱を発する。エアコンなどはこの原理を利用している。

問 54 (2) 1℃上がるごとに0℃のときの体積の$\dfrac{1}{273}$ずつ膨張するので、100℃で$\dfrac{100+273}{273}$、つまり膨張で約1.4倍に増える。

問 55 (3) ⑴ ナタネ油の比熱は水の約半分である。

⑵ 銀の熱伝導率は428W/(m・K)、二酸化炭素は0.0145W/

(m・K)。

(4) 熱せられて比重が小さくなった流体が上に流れる現象を自然
対流と呼ぶ。

(5) 固体の線膨張は、体膨張の約3分の1。

問 56 **(1)** 熱伝導率は、気体の方が固体、液体より小さい。

問 57 **(1)** Aのみが誤り。湿度を上げる(約75％以上)と静電気は物体表面の水分を通して漏えいするため、その蓄積を防止できる。

問 58 **(5)** (1)、(2)、(3)、(4)は化学変化である。

問 59 **(5)** 次のように分類される。

	単体	化合物	混合物
(1)	ナトリウム	水	空気
(2)	硫黄	アセトン	ガソリン
(3)	カリウム	酢酸	煙
(4)	銀	二酸化炭素、ベンゼン	

問 60 **(3)** アセトン(CH_3COCH_3)の分子量は、原子量H＝1、C＝12、O＝16から$12 + 1 × 3 + 12 + 16 + 12 + 1 × 3 = 58$、空気の平均分子量29より、$58 ÷ 29 = 2.0$

問 61 **(1)** 物質が液体に混ざり全体が均一になることを溶解という。

問 62 **(3)** 二酸化炭素は炭素が酸化したものである。$C + O_2 \longrightarrow CO_2$

問 63 **(2)** 燃焼は発熱を伴う急激な酸化現象であり、エネルギーを要する。

問 64 **(5)** 空気などの酸素供給体、可燃性物質、熱源(点火源)を燃焼の三要素という。(5)は空気(酸素供給体)、ジエチルエーテル(可燃性物質)、静電気火花(熱源)という組み合わせになっている。

問 65 **(5)** (5)は化合の説明である。

問 66 **(3)** (1) 空気は酸素と窒素などの混合物である。

(2) 酸素もオゾンも単体で、互いに同素体である。

(4) エチルアルコールは化合物である。

(5) 硫黄、亜鉛は単体である。

問 67 **(4)** ガソリンの液比重は0.65～0.75、蒸気比重は3～4である。

問 68 **(5)** 危険物の規制に関する規則第43条の3項4号に「液体の危険物は、運搬容器の内容積の98％以下の収納率であって、かつ、55℃の温度において漏れないように十分な空間容積を有して運搬容器に

解答 2

基礎的な物理学および基礎的な化学

93

収納すること」とある。体膨張で漏れないように空間容積が必要である。

問 69 (4) 液体が蒸発しはじめる温度は沸点より低い。沸点で沸騰が起こる。

問 70 (2) 灯油やアルコールなど、液体表面から発生する蒸気が空気と混合して何らかの火源により燃焼する。

問 71 (3) 自然発火とは他から点火源を与えなくても物質が常温の空気中で自然に発熱してその熱が長時間にわたり蓄積されて発火点に達し燃焼を起こす現象である。

問 72 (4) 水系消火器には、水・強化液・泡の3種類がある。このうち泡消火器は第4類危険物の適応消火器とされているが、水は棒状放射でも霧状放射でも不適合。強化液は棒状なら不適合だが、霧状タイプは適合とされている点に注意。なお水でも第3種の水噴霧消火設備としては、適合である。

問 73 (4) アンモニアだけが無機化合物である。

問 74 (5) 第4類危険物は、二硫化炭素以外はすべて有機化合物であり、可燃性である。

問 75 (4) 静電気が原因で自然発火を起こすことはない。

問 76 (2) 燃焼範囲の下限値が高いものほど、火災の危険性は小さくなる。他の説明はすべて火災の危険性が大きいものである。

問 77 (5) 蒸発燃焼するものは、ガソリン、ベンゼン、灯油、軽油、メチルアルコールの5つである。

問 78 (4) 液体を同じ温度の蒸気に変えるために外部から吸収する熱を気化(蒸発)熱という。

問 79 (4) 可燃物の除去とは、酸素の除去ではなく燃えるもの自体の除去である。消火剤では可燃物の除去はできない。

問 80 (5) (1)は除去、(2)は窒息、(3)は冷却、(4)は窒息。

問 81 (2) 一酸化炭素は人体に極めて有害であり、このガスを吸うことにより容易に死に至るため、消火剤に使用されることはない。

問 82 (2) 鋼は炭素を一部含む鉄のこと。ある金属に対して、イオン化傾向が鉄よりも大きい金属を接続すると、防食効果をもたらす。鋼製配管への接続においては、鉄よりもイオン化傾向が大きい亜鉛、アルミニウム、マグネシウムなどが適切。

問題

3

危険物の性質と
火災予防
および
消火方法

問 1 危険物の類と性質の組み合わせとして、次のうち正しいものは
どれか。

(1) 第1類の危険物はすべて酸化性液体である。

(2) 第2類の危険物はすべて可燃性固体である。

(3) 第3類の危険物はすべて自然発火性物質である。

(4) 第4類の危険物はすべて引火性固体である。

(5) 第5類の危険物はすべて酸化性固体である。

問 2 危険物の類ごとに共通する一般的な性状として、次のうち誤っ
ているものはどれか。

(1) 第1類の危険物の多くは、無色の結晶または白色の粉末である。

(2) 第2類の危険物は、燃焼により有毒ガスを発生するものがあり、鉄粉
は、水または酸の接触により発熱・発火のおそれがある。

(3) 第3類の危険物は、いずれも自然発火性と禁水性の両方の危険性を有
している物質である。

(4) 第5類の危険物は、長時間の放置による分解によって自然発火するも
のがあり、加熱、衝撃、摩擦などで発火・爆発のおそれがある。

(5) 第6類の危険物は、いずれも不燃性であるが、多くは腐食性があり、
蒸気は有毒である。

問 3 危険物の類ごとの性状として、次のうち誤っているものはどれか。

(1) 第1類の危険物は、他の可燃性物質を強く酸化させる性質をもつ。

(2) 第2類の危険物は、水と接触すると発火するものが多い。

(3) 第4類の危険物は、引火性の強い液体である。

(4) 第5類の危険物は、外部から酸素供給がなくても自己燃焼する。

(5) 第6類の危険物は、不燃性の液体である。

問 4 第4類危険物に共通する性質として、次のうち誤っているものはどれか。

(1) いずれも引火性の液体である。
(2) 水より軽いものが多い。
(3) 水に溶けないものが多い。
(4) 蒸気は空気より軽い。
(5) 電気の不良導体が多く、静電気が蓄積されやすい。

問 5 第4類危険物の一般的な性状として、次のうち誤っているものはどれか。

(1) 沸点の低い物質ほど、引火の危険性が高い。
(2) 燃焼範囲の下限値が低いものであれば、危険性は低い。
(3) 液体から発生する可燃性蒸気には有害なものがある。
(4) 常温(20℃)以下でも、熱源を近づけると発火するものがある。
(5) 酸化しやすく、自然発火するものがある。

問 6 第4類危険物の性質として、次のうち正しいものはどれか。

(1) 酸化性固体
(2) 酸化性液体
(3) 引火性固体
(4) 引火性液体
(5) 引火性気体

問 7 第4類危険物の一般的な性状として、次のうち正しいものはどれか。

(1) 常温なら引火しない。
(2) 空気より軽く、水中に沈みやすい。
(3) 一般に水やアルコールに溶けやすい。
(4) 電気の不良導体なので、静電気が蓄積しづらい。
(5) 蒸気は空気より重いので、低所に滞留しやすい。

第4類危険物の火災予防の方法として、次のうち誤っているものはどれか。

(1) 液や蒸気が漏れないように容器を密栓し、冷所に貯蔵する。

(2) 蒸気が滞留しないよう、室内の通風や換気を十分に行う。

(3) 液や蒸気が布等にしみ込んだ場合、すぐ水で流せば引火の心配はない。

(4) 静電気発生のおそれがある場合は、アース(接地)する。

(5) 河川や下水道に危険物を流出させない。

問 9 第4類危険物を取り扱う際、静電気の発生・蓄積を防止することが大事だが、その方法として次のうち誤っているものはどれか。

(1) 作業者は、できる限り帯電防止服を着用する。

(2) 給油の際は、流速を遅くし、激しく撹拌(かくはん)しない。

(3) 静電気を逃すため、アース(接地)する。

(4) 室内の湿度を低くする。

(5) 容器や配管には導電性の高い材質のものを使用する。

問 10 A〜Eのうち、第4類危険物の貯蔵および取り扱いの注意事項として適切でないものはいくつあるか。

A 空間容積を残さないよう、容器に収納する。

B 蒸気はむやみに発生させない。

C 寒冷地では液温の低下を避ける。

D 炎や火花との接近を避ける。

E 加熱を避ける。

(1) 1つ

(2) 2つ

(3) 3つ

(4) 4つ

(5) すべて正しい

問 11 第4類危険物の火災予防において換気が必要だが、その説明のうち正しいものはどれか。

(1) 可燃性蒸気の滞留を防止するため。

(2) 静電気防止のため。

(3) 自然発火を阻止するため。

(4) 引火点と発火点を低くするため。

(5) 室温を一定に保つため。

問 12 第4類危険物の一般的な消火方法として、次のうち誤っているものはどれか。

(1) 第4類危険物の火災では、空気遮断による窒息消火を行う。

(2) 消火器を用いる場合の消火剤としては、二酸化炭素、泡、粉末、霧状の強化液等がある。

(3) 第4類危険物の消火には水も有効だ。

(4) 棒状の強化液による消火は適当ではない。

(5) 水溶性液体用の泡消火剤での消火は有効である。

問 13 第4類危険物の消火方法として、適当ではないものはどれか。

(1) ガソリンの火災に、粉末消火剤は有効である。

(2) ガソリン火災の消火剤として、ハロゲン化物も有効である。

(3) トルエンの火災に、リン酸塩類粉末の消火剤は有効である。

(4) 重油の火災に、棒状の強化液消火剤を使用する。

(5) 動植物油類の火災に、二酸化炭素消火剤を使用する。

問 14 エタノールの火災の消火方法として、次のうち正しいものはどれか。

(1) スプリンクラーを作動させる。

(2) 棒状の水を放射する。

(3) 棒状の強化液を放射する。

(4) 霧状の水を放射する。

(5) ハロゲン化物消火剤を放射する。

問 15 特殊引火物の性質に関して、次のうち誤っているものはどれか。

(1) 常温（20℃）でも引火する。

(2) 第4類危険物の中では最も引火の危険性は低い。

(3) 沸点が低く、揮発性が高い。

(4) 水に溶けるものもある。

(5) 燃焼範囲の下限値が低く、上限値が高い。

問 16 特殊引火物に関する文章で、次のうち誤っているものはどれか。

(1) 特殊引火物とは、1気圧において発火点が100℃以下のもの、又は、引火点が−20℃以下で沸点が40℃以下のものをいう。

(2) 特殊引火物の主な物品として、ジエチルエーテル、二硫化炭素、アセトアルデヒド、酸化プロピレンが該当する。

(3) 蒸気は空気よりも重い。

(4) 蒸気は引火しやすく、有害又は、麻酔性があるものもある。

(5) 特殊引火物はいずれも無色で、無臭の液体である。

問 17 ジエチルエーテルの性状として、次のうち正しいものはどれか。

(1) エタノールにはよく溶けるが、水にはまったく溶けない。

(2) 多少の衝撃であれば、爆発することはない。

(3) 引火点は35℃である。

(4) 極めて蒸発しやすく、可燃性蒸気は高所に滞留する。

(5) 日光に当たると過酸化物が生じ、危険なので冷暗所に貯蔵する。

問 18 二硫化炭素の性状として、次のうち正しいものはどれか。

(1) 無色透明であり、無臭である。

(2) エタノール、ジエチルエーテルはもちろん、水にもよく溶ける。

(3) 燃焼によってできる二酸化硫黄は有毒である。

(4) 燃焼範囲はガソリンの方が大きい。

(5) 水より軽く、水にも溶けないので水による消火は不適当である。

問 19 ジエチルエーテルの貯蔵または取り扱いに関する注意事項およびその理由について、次のうち正しいものはどれか。

(1) 過酸化物が生成されると爆発のおそれがあるため、空気に触れない密閉容器で冷暗所にて保存する。

(2) 金属との反応で発火・爆発のおそれがあるため、貯蔵容器は金属製以外のものを使用する。

(3) 空気中で自然発火するのを防ぐため、水中で保存する。

(4) 静電気の発生をふせぐため、容器の詰め替えは流速を速めて短時間で行う。

(5) 発生する蒸気が空気よりも軽く、高所に滞留するため、室内では換気を十分に行う。

問 20 二硫化炭素は水槽にて水没させて貯蔵する必要があるが、その理由として正しいものは次のうちどれか。

(1) 可燃性蒸気の発生を防ぐため。

(2) 可燃物との接触を避けるため。

(3) 空気との接触によって爆発性の物質ができるのを防ぐため。

(4) 不純物の混入を防ぐため。

(5) 水との接触によって爆発性のない物質ができるため。

問 21 ジエチルエーテルと二硫化炭素の性状について、次のうち誤っているものはどれか。

(1) どちらも、引火性液体の中では燃焼範囲が比較的広い。

(2) どちらも、蒸気には麻酔性と毒性がある。

(3) どちらも、蒸気比重は同じである。

(4) どちらも、二酸化炭素や泡が消火剤として有効である。

(5) どちらも、発火点はガソリンよりも低い。

アセトアルデヒドの性状として、次のうち誤っているものはどれか。

(1) 揮発性が高く、沸点は約20℃である。

(2) 水には溶けないが、エタノール、ジエチルエーテルには溶ける。

(3) 引火点が－39℃と低く、燃焼範囲も広いので引火しやすい。

(4) 蒸気が粘膜などを刺激し、有毒である。

(5) 熱又は光で分解してメタンと一酸化炭素を発生する。

問 23 酸化プロピレンの性状として、次のうち誤っているものはどれか。

(1) 水によく溶ける。

(2) 重合する性質があり、火災、爆発の原因となる場合がある。

(3) 蒸気は空気より重い。

(4) 無色透明の液体で、ジエチルエーテルのような臭いがある。

(5) 貯蔵しておく場合は、容器内に酸素ガスを封入しておく。

問 24 次の文は、第4類危険物の性質を説明したものである。これに適合する物品はどれか。

〔水に溶けない、引火点は－10℃以下、比重は1以上〕

(1) アセトン

(2) 二硫化炭素

(3) 酸化プロピレン

(4) ジエチルエーテル

(5) 酢酸(氷さく酸)

問 25 危険物についての説明として、次のうち正しいものはどれか。

(1) 二硫化炭素の蒸気には麻酔作用があり、ジエチルエーテルの蒸気は有毒である。

(2) アセトアルデヒドの引火点は非常に低いが、燃焼範囲が狭いのでガソリンに比べると火災の危険性は極めて少ない。

(3) 酸化プロピレン、アセトアルデヒドの火災には、一般の泡消火剤を使用してもよい。

(4) アセトアルデヒドと酸化プロピレンは、貯蔵の際、不活性ガスを封入する。

(5) ジエチルエーテルは、水より重く水に溶けないので、容器やタンクに貯蔵したときは水を張って蒸気の発生を防ぐ。

問 26 第1石油類の説明で、次のうち誤っているものはどれか。

(1) 第1石油類とは、ガソリン、アセトン、その他1気圧において引火点が21℃未満のものをいう。

(2) 第1石油類には、水溶性のものと非水溶性のものがある。

(3) 特殊引火物に比べると燃焼範囲は狭く、発火点は低い。

(4) 比重は水より軽く、蒸気比重は空気より重い。

(5) 非水溶性のものは静電気が発生、蓄積しやすい。

問 27 ガソリンの取り扱いにおける静電気対策として、次のうち正しいものはどれか。

(1) 移動タンク貯蔵所へ注入する際、移動タンク貯蔵所を絶縁させてから行った。

(2) 作業着は、木綿製のものではなく合成繊維のものを用いる。

(3) タンクや容器へ注入する際、できるだけ流速を大きくした。

(4) 取り扱う室内の湿度を低くした。

(5) 容器等へ注入するホースには、接地導線のあるものを用いた。

問 28 以下の性状をすべて満たす危険物は、次のうちどれか。

> 引火点 − 40℃以下、発火点約300℃、蒸気比重 3 ～ 4
> 燃焼範囲1.4～7.6vol%（容量）

(1) トルエン

(2) ベンゼン

(3) ガソリン

(4) ジエチルエーテル

(5) 酢酸エチル

問 29 ガソリンの性状として、次のうち正しいものはどれか。

(1) 引火点は − 20℃以下である。

(2) 純粋なものは無色無臭である。

(3) 蒸気は空気より軽く、拡散しやすい。

(4) 静電気を発生、蓄積しやすい。

(5) 発火点は約200℃である。

問 30 ガソリンに関する説明として、次のうち誤っているものはどれか。

(1) 自動車ガソリンは軽油や灯油と区別するためオレンジ色に着色している。

(2) ガソリンはさまざまな炭化水素の混合物である。

(3) 水には溶けないが、ゴムや油脂などをよく溶かす。

(4) 電気の不良導体で静電気が発生、蓄積しやすい。

(5) 氷点下では引火しない。

問 31 ガソリンの扱い方として、次のうち誤っているものはどれか。

(1) 火気を近づけない。

(2) 河川などに流出しない。

(3) 密栓をして冷暗所に貯蔵する。

(4) ガソリンを取り扱うときは、換気、通風を十分に行う。

(5) 火災の際は、水に溶けるので水溶性液体用泡消火剤を用いる。

問 32 ベンゼンの性状として、次のうち誤っているものはどれか。

(1) 水に溶けるが、エタノール、ジエチルエーテルには溶けない。
(2) 蒸気には特有の芳香臭があり、有毒なので吸入すると中毒症状を起こす。
(3) 融点が5.5℃で、冬期に固化する場合がある。
(4) 蒸気は拡散せず、低所に滞留しやすい。
(5) 氷点下でも引火の危険がある。

問 33 ベンゼンとトルエンの説明で、次のうち正しいものはどれか。

(1) ベンゼンは第1石油類だが、トルエンは第2石油類に分類される。
(2) いずれも常温(20℃)で引火する。
(3) いずれも水より重い。
(4) ベンゼンは静電気を蓄積しやすいが、トルエンはそうでもない。
(5) いずれもエタノールやジエチルエーテルに溶けない。

問 34 アセトンの性状として、次のうち誤っているものはどれか。

(1) 無色無臭の液体である。
(2) 水溶性で、エタノール、ジエチルエーテルにもよく溶ける。
(3) 水より軽く、蒸気は空気より重い。
(4) 消火には水溶性液体用の泡消火剤が有効である。
(5) 揮発しやすい。

問 35 アセトンとピリジンの性状として、次のうち正しいものはどれか。

(1) アセトンのほうがピリジンより引火点が高い。
(2) いずれも常温(20℃)では引火しない。
(3) アセトンは水に溶けるが、ピリジンは水に溶けない。
(4) いずれも溶解力が大きく、有機物を溶かす。
(5) ともに蒸気は空気より軽く、低所に滞留しない。

問 36 第1石油類に関する説明として、次のうち誤っているものはどれか。

(1) ガソリンは引火性が強く、工業ガソリンと自動車ガソリンがある。

(2) ベンゼンは有毒で、吸入すると中毒症状を起こす。

(3) トルエンはベンゼンと性状が似ており、固化する場合もある。

(4) 酢酸エチルは水にわずかに溶け、他のほとんどの溶剤にも溶ける。

(5) メチルエチルケトンは、アセトンと似た臭いがする。

問 37 酢酸エチルの説明として、次のうち正しいものはどれか。

(1) 無色透明の液体で、無臭である。

(2) 常温では引火しない。

(3) 塗料の溶剤、人工香料として使われる。

(4) 消火には通常の泡消火剤は不適当で、水溶性液体用を用いる。

(5) 比重は0.81で、蒸気比重は2.44である。

問 38 メチルエチルケトンの説明で、次のうち誤っているものはどれか。

(1) 水にはわずかながら溶ける。

(2) 引火点は、酢酸エチルよりも低く、常温で引火の危険がある。

(3) メチルエチルケトンと酢酸エチルは燃焼範囲が近い。

(4) 消防法では第1石油類、水溶性液体に分類される。

(5) 消火には、一般の泡消火剤は不適当である。

問 39 以下の性状を全て満たす危険物の組み合わせとして、次のうち正しいものはどれか。

〔引火点 −10℃以下、非水溶性、発火点300℃以上〕

(1) ガソリンとベンゼン

(2) ベンゼンとトルエン

(3) 酢酸エチルとガソリン

(4) ガソリンとトルエン

(5) ベンゼンと酢酸エチル

問 40 アルコール類に関する説明として、次のうち誤っているものはどれか。

(1) 炭化水素化合物の水素が、水酸基(OH)に置き換わった化合物の総称をアルコール類という。

(2) 危険物第4類に該当するのは、炭素原子が1個から3個までの飽和1価アルコールで、変性アルコールは含まない。

(3) 水溶性で静電気はほとんど発生しない。

(4) 蒸気比重は空気と同じくらいか、もしくはそれより重い。

(5) 沸点は水より低い。

問 41 アルコール類に関する説明として、次のうち正しいものはどれか。

(1) 引火点はいずれも20℃以下である。

(2) 水溶性と非水溶性に分かれる。

(3) どれも無色透明である。

(4) メタノールはアルコール類の中で最も沸点が高い。

(5) どの物品にも毒性がある。

問 42 メタノールの性状として、次のうち誤っているものはどれか。

(1) 毒性があり、飲むと失明や死亡の危険がある。

(2) 水によく溶けるので、消火には水溶性液体用の泡消火剤が有効である。

(3) 常温では引火しない。

(4) 燃焼時の炎の色が淡いので、着火に気がつきにくい。

(5) 蒸気には特有の臭気がある。

問 43 エタノールに関する説明A〜Eで、次のうち正しい組み合わせ
はどれか。

A　毒性はないが、麻酔性がある。

B　水には溶けないが、ジエチルエーテルなど有機溶剤にはよく溶ける。

C　酒精の主成分である。

D　燃焼時の炎は鮮やかな黄赤色である。

E　揮発性があり、無臭である。

(1)　A、D

(2)　B、C

(3)　A、C

(4)　B、E

(5)　C、E

問 44 エタノールとメタノールに関する説明として、誤っているもの
はどれか。

(1)　エタノールは、メタノールより引火点、沸点とも高い。

(2)　エタノールは、メタノールより燃焼範囲は狭い。

(3)　蒸気比重は、エタノールの方がメタノールより重い。

(4)　酒の成分になるのは、メタノールの方である。

(5)　引火点が低いのは、メタノールの方である。

問 45 プロパノールに関する説明で、次のうち誤っているものはどれか。

(1)　n−プロピルアルコールの別名が、1−プロパノールであり、イソプ
ロピルアルコールの別名が2−プロパノールである。

(2)　n−プロピルアルコールは、イソプロピルアルコールより引火性は低い。

(3)　どちらも水や他の有機溶剤によく溶ける。

(4)　いずれも揮発性があり、特有の芳香がある。

(5)　エチルアルコール同様、消毒剤に用いられるのはn−プロピルアルコー
ルの方である。

問 46 第2石油類の性状として、次のうち正しいものはどれか。

(1) 代表的なものに灯油・重油がある。

(2) 1気圧において、引火点は20℃以上70℃未満である。

(3) 蒸気は空気より重いので、低所に滞留しやすい。

(4) すべて非水溶性液体である。

(5) すべて無色である。

問 47 第2石油類について、次のうち誤っているものはどれか。

(1) 第1石油類同様、流体摩擦などによって静電気が発生する。

(2) 水溶性のものはいずれも腐食性があり、付着すると皮膚を侵す。

(3) 水溶性のものは、カルボキシル基(−COOH)を有している。

(4) 非水溶性のものの引火点は、ガソリンより低いので危険である。

(5) 燃焼範囲の下限値は低めである。

問 48 灯油の性状として、次のうち正しいものはどれか。

(1) 発火点は200℃以下である。

(2) 灯油は無色透明である。

(3) ガソリンと混合されたものは引火の危険が高くなる。

(4) 静電気はほとんど発生しない。

(5) 水に溶けるので、消火には通常の泡消火剤は不適当である。

問 49 灯油の貯蔵および取り扱いの注意事項として、次のうち誤っているものはどれか。

(1) 静電気の発生を防ぐため、室内は乾燥させないようにする。

(2) 静電気の発生を防ぐため、ときどき撹拌する必要がある。

(3) 容器はしっかりと密栓する。

(4) 冷暗所など直射日光の当たらないところに貯蔵し、引火を防ぐ。

(5) 通気や換気で、蒸気の滞留を防ぐ。

問 50 軽油の性状として、次のうち誤っているものはどれか。

(1) 比重は灯油よりも軽く、0.8以下である。

(2) 石油特有の臭いがある。

(3) 水に溶けず、油脂などをよく溶かす。

(4) 蒸気は空気より重く、低所に滞留しやすい。

(5) ディーゼルエンジンの燃料として使われている。

問 51 灯油、軽油に関する説明として、次のうち正しいものはどれか。

(1) いずれも発火点はガソリンより高い。

(2) いずれも引火点は常温(20℃)より低い。

(3) いずれも布にしみ込むと、引火しやすくなる。

(4) いずれも水に溶ける。

(5) 燃焼範囲は、灯油の方が大きい。

問 52 クロロベンゼンの性状として、次のうち誤っているものはどれか。

(1) 無色透明で水より重いのが特徴である。

(2) エチルアルコールによく溶ける。

(3) 爆発範囲の下限が低いが、空気との混合気はとりわけ危険が少ない。

(4) ベンゼンほどの引火性はない。

(5) 特殊臭があり、若干の麻酔性がある。

問 53 酢酸(氷さく酸)の性状として、次のうち正しいものはどれか。

(1) 芳香臭のする液体である。

(2) 純度の高いものは約17℃以下で凝固する。

(3) 引火点は、28℃である。

(4) 水には溶けないが、エタノール、ジエチルエーテルにはよく溶ける。

(5) 皮膚に触れてもすぐにふけば大した炎症にはならない。

問 54 キシレンの説明として、次のうち誤っているものはどれか。

(1) オルトキシレン、メタキシレン、パラキシレンと3種類の異性体があるが、物性の数値は少しずつ異なる。

(2) 水には溶けない。エタノール、ジエチルエーテルには溶ける。

(3) 引火点は27℃から33℃で、液温が引火点以上になりやすく危険。

(4) 蒸気は空気より軽いので、低所に滞留しない。

(5) 溶剤や合成樹脂、合成繊維の原料として使われる。

問 55 第3石油類に関する説明として、次のうち正しいものはどれか。

(1) 第3石油類とは、重油、クレオソート油の他、1気圧において引火点が70℃以上300℃未満のものをいう。

(2) 非水溶性のものは、重油、クレオソート油、アニリン、エチレングリコールが該当する。

(3) 水溶性液体の消火には、二酸化炭素、粉末等で窒息消火する。

(4) 比重は1以上のものはない。

(5) 蒸気は空気より軽い。

問 56 第3石油類の説明として、次のうち誤っているものはどれか。

(1) 重油やクレオソート油は静電気を発生しやすい。

(2) 20℃で固体のものもある。

(3) エチレングリコールとグリセリンは水溶性である。

(4) 燃焼温度が高く、いったん火災になると消火が困難である。

(5) 霧状になったものは引火点以下でも引火の危険がある。

問 57 重油の性状として、次のうち正しいものはどれか。

(1) 水より重くて、水に溶けない。

(2) 黄色または暗緑色の液体であり、粘性がある。

(3) 不純物として含まれる硫黄が燃えると有毒ガスを発生する。

(4) 木材の防腐剤などとしても使われる。

(5) 発火点は、60℃から150℃である。

問 58 重油、クレオソート油について、次のうち誤っているものはどれか。

(1) クレオソート油には特異臭があり、蒸気は重油より毒性が強い。

(2) いずれも水に溶けず、比重は1前後である。

(3) 消火にはどちらも泡消火剤を使用できる。

(4) いずれも常温では引火しないが、液温が引火点以上になるとガソリン同様の危険性がある。

(5) どちらも静電気はあまり発生しない。

問 59 アニリンについて、次のうち正しいものはどれか。

(1) 水、エタノール、ジエチルエーテルによく溶ける。

(2) 常温(20℃)で引火する。

(3) 無色または淡黄色の液体で、通常は酸化され褐色に変化している。

(4) 毒性はない。

(5) 発火点は185℃である。

問 60 ニトロベンゼンについて、A〜Eのうち、正しいものはいくつあるか。

A 蒸気に毒性はない。

B 淡黄色、または暗黄色の液体である。

C 還元されるとベンゼンになる。

D ニトロ化合物なので、爆発のおそれがある。

E アニリン同様、環式化合物である。

(1) 1つ

(2) 2つ

(3) 3つ

(4) 4つ

(5) 5つ

問 61 エチレングリコールとグリセリンについて、次のうち正しいものはどれか。

(1) どちらも無色で粘性の大きな透明の液体である。

(2) エチレングリコールは、水やエタノール、ジエチルエーテルによく溶ける。

(3) グリセリンは、二硫化炭素やベンゼンにもよく溶ける。

(4) いずれも第3石油類、非水溶性液体に該当する。

(5) 燃焼温度は低い。

問 62 第4石油類に関する説明として、次のうち誤っているものはどれか。

(1) 第4石油類とは、1気圧において常温（20℃）の液状で、かつ引火点が200℃以上350℃未満のものをいう。

(2) 粘り気が大きく、揮発性は低い。

(3) 火災時の液温は高いため、泡消火剤を放射すると水分が蒸発する可能性がある。

(4) 石油類の中では最も引火点が高く、引火しにくい。

(5) ほとんどが水より軽い。

問 63 第4石油類に関する説明として、次のうち正しいものはどれか。

(1) 引火点が250℃以上のものは、危険物であると同時に指定可燃物としても規制されている。

(2) 第4石油類の物品はすべて、比重・揮発性・引火点ともにほぼ同じである。

(3) 水に溶けるものが多い。

(4) 一般に、ガソリンより粘性が高い。

(5) 蒸気は空気より重い。

問 64 潤滑油について、次のうち正しいものはどれか。

(1) 引火点は高いが、揮発性は低い。

(2) 火災になっても液温が高くならないので、窒息効果で容易に消火できる。

(3) 水によく溶ける。

(4) 潤滑油に属する物品はすべて引火点が250℃である。

(5) 粘り気がなく、さらっとしている。

問 65 動植物油類の性状として、次のうち誤っているものはどれか。

(1) 動植物油類とは、動物の脂肉や植物の種子若しくは果肉から抽出したもので、1気圧において引火点が250℃未満のものをいう。

(2) ヨウ素価によって、乾性油、半乾性油、不乾性油に分類される。

(3) 乾性油は、不乾性油よりヨウ素価が小さい。

(4) ヨウ素価が130以上の乾性油は、不飽和脂肪酸が多く、酸化しやすい。

(5) 布などにしみ込んだものは、酸化熱の蓄積で自然発火することがある。

問 66 動植物油類に関する説明として、次のうち正しいものはどれか。

(1) 不乾性油は、最も自然発火の危険が高い。

(2) 燃えているときは液温を下げるため、注水する。

(3) アマニ油は不乾性油であり、ヤシ油、ゴマ油は乾性油に該当する。

(4) 引火点は低く、加熱によって液温が高くなると引火するおそれがある。

(5) 一般に水より軽く、水には溶けない。

問 67 アマニ油がしみ込んだボロ布を放置したら、自然発火した。この原因は次のうちどれか。

(1) 比重が1より小さいため。

(2) 引火点が高いため。

(3) 水に溶けないため。

(4) 空気中で酸化されやすいため。

(5) 蒸発しにくいため。

問 68 ヤシ油とアマニ油の性質に関して、次のうち正しいものはどれか。

(1) いずれも不乾性油である。

(2) いずれも水溶性である。

(3) いずれも引火点は250℃未満である。

(4) いずれも自然発火しやすい。

(5) いずれも比重は1より大きい。

問 69 ガソリンや灯油の貯蔵タンクを修理・清掃するとき、火災予防上の点から注意することとして、次のうち誤っているものはどれか。

(1) 修理や清掃を行う際は、静電気の蓄積を防止するため、除電服や除電靴を身につける。

(2) タンク内を修理・清掃する前に、ガス測定器等を使ってガスが除去されたことを確認してから作業を行う。

(3) 残油等をタンクから抜き取る場合は、静電気の蓄積を防止するため、タンクおよび容器を接地（アース）する。

(4) タンク内に引火性蒸気が残留しているおそれがある場合は、火花の発生しない工具を使用する。

(5) タンク内を洗浄する際、水蒸気を噴出させる場合は、静電気発生を抑えるため、高圧で短時間に洗浄する。

問 70 トラックで危険物の入った金属ドラムと鉄骨を運搬中、急ブレーキで積載していた鉄骨がドラムに衝突し、穴を開けてしまい、中の危険物が流出した。この事故を未然に防ぐ対策として、適切でないものは、次のうちどれか。

(1) 運搬容器が転倒しないよう、容器は横倒しにして運転する。

(2) 運搬容器は積載基準に適合したものを使用する。

(3) できる限り急ブレーキはかけないよう、運転手は安全運転する。

(4) 運搬容器を破損させるようなものを一緒に積載しない。

(5) 運搬容器の隙間に緩衝材を入れて、ロープ等でしっかり固定し、倒れないようにする。

問 71 ガソリンを金属製の容器に詰め替えているとき、近くで使用していた石油ストーブによって火災になってしまった。この原因として考えられるものは、次のうちどれか。

(1) 石油ストーブによってガソリンの液温が上昇、発火点に達したため発火した。

(2) 石油ストーブによってガソリンの液温が上昇、ガソリンの燃焼範囲の下限値が下がったため、引火した。

(3) 石油ストーブから発生した二酸化炭素とガソリンの蒸気が反応して引火した。

(4) 石油ストーブによって室温が上昇し、ガソリンが自然発火した。

(5) ガソリンから蒸気が発生し、室内の空気が燃焼範囲に達したため、石油ストーブの火に引火した。

問 72 顧客に給油等をさせる給油取扱所(セルフスタンド)において、給油を行おうと自動車燃料タンクの給油キャップを緩めた瞬間、噴出したガソリン蒸気に静電気放電したことで引火し、炎が上がった。この事故を未然に防ぐ対策として適切でないものはどれか。

(1) 給油口のキャップを開ける前に、自動車等の金属部分に触れておく。

(2) 散水を適時行い、人体等に帯電している静電気を逃しやすくしておく。

(3) 固定給油設備等のホースおよびノズルに絶縁体のものを使用する。

(4) 再帯電を防ぐため、給油中は途中で座席に戻ったりしないようにする。

(5) 給油口のキャップを開けた人が一人で給油作業をすべて行う。

問 73 次の消火方法で、適切でないものはどれか。

(1) ガソリンの火災に泡消火剤を使用する。

(2) 軽油の火災に粉末消火剤を使用する。

(3) 重油の火災に棒状の強化液消火剤を使用する。

(4) 潤滑油の火災に二酸化炭素消火剤を使用する。

(5) 動植物油類の火災にハロゲン化物消火剤を使用する。

問 74 ある製造所で危険物の流出による事故が起きた場合、製造所の所有者が行うべきこととして、次のうち誤っているものはどれか。

(1) 近隣の施設および付近の住民に対し、火気を使用しないよう呼びかける。

(2) 事故対応する消防署員等が到着するまでは、二次災害を防ぐため何もしない。

(3) さらなる流出防止の措置をとり、消火活動の準備をする。

(4) 事故を発見したら、すみやかに消防署等へ連絡する。

(5) 危険物がさらに拡散しないように、被害拡大防止の措置を行う。

問 75 次の危険物のうち、水より重いのはどれか。

(1) メタノール

(2) シリンダー油

(3) 重油

(4) ヤシ油

(5) クロロベンゼン

問 76 引火点が低いものから高いものへと順に並んでいる正しい組み合わせは、次のうちどれか。

(1) エタノール→ジエチルエーテル→トルエン→灯油

(2) 灯油→ガソリン→エタノール→クレオソート油

(3) ベンゼン→トルエン→エタノール→重油

(4) トルエン→ガソリン→酢酸→グリセリン

(5) ジエチルエーテル→エタノール→ガソリン→軽油

問 77 次の第4類危険物の物品のうち、水溶性のものはどれか。

(1) ジエチルエーテル

(2) アセトン

(3) ガソリン

(4) ベンゼン

(5) 二硫化炭素

117

問 78 次の第４類危険物の物品のうち、水に浮かないものはどれか。

- (1) トルエン
- (2) ガソリン
- (3) 軽油
- (4) 二硫化炭素
- (5) ベンゼン

問 79 流動による静電気の蓄積が起きにくい危険物は、次のうちどれか。

- (1) ニトロベンゼン
- (2) ガソリン
- (3) ベンゼン
- (4) イソプロピルアルコール
- (5) クロロベンゼン

問 80 ガソリンの火災に適応しない消火器は、次のうちどれか。

- (1) 棒状放射の大型強化液消火器
- (2) 小型二酸化炭素消火器
- (3) 大型化学泡消火器
- (4) 大型機械泡消火器
- (5) 霧状放射の小型強化液消火器

問 81 消火剤として泡消火剤を使用する場合、水溶性液体用消火剤 (耐アルコール泡) の使用が必要な危険物は、次のうちいくつあるか。

アセトアルデヒド、エタノール、アセトン、アニリン、アクリル酸、エチレングリコール、グリセリン

- (1) 7つ
- (2) 6つ
- (3) 5つ
- (4) 4つ
- (5) 3つ

問 1 (2) 第1類—酸化性固体、第2類—可燃性固体、第3類—自然発火性物質および禁水性物質、第4類—引火性液体、第5類—自己反応性物質

問 2 (3) 第3類の危険物のほとんどが、自然発火性と禁水性の両方の危険性を有している物質である。しかし、自然発火性はあるが、火災予防のために水中(保護液)に貯蔵する必要がある黄リンなど、禁水性でないものもある。

問 3 (2) 水で発火するものが多いのは第3類危険物。

問 4 (4) 蒸気比重は1より大きい。つまり、空気より重い。そのため、蒸気は低いところに滞留したり、低いところへ流れたりする。溝などを伝って移動し、かなり離れた場所で引火する危険性もある。

問 5 (2) 燃焼範囲の下限値が低いものほど、わずかな蒸気で引火するため危険度は高くなる。

問 6 (4) 第4類危険物は、引火性のある液体。

問 7 (5) 蒸気比重が1より大きく、空気より重いので低所に滞留する。

問 8 (3) ボロ布や自分自身の衣類に、危険物の液が付着したり、しみ込んだ場合、危険物がそのまま蒸発して引火するおそれがあるので注意が必要。特に、動植物油類は非水溶性のため、水では効果がない。

問 9 (4) 静電気の蓄積を抑制するためには、室内の湿度を75%以上に高く保つことがポイント。

問 10 (2) AとCが×。Aでは容器を満タンにすると、温度が上昇したときに容器に相当高い圧力がかかるため、容器破損の危険が生じる。したがって、空間容積をとることが大事。Cは必要のない対策。

問 11 (1) 可燃性蒸気が滞留し、空気と混合して燃焼範囲に達してしまうと、引火・爆発の危険が生じる。これを防止するためには換気、通気が大事になる。

問 12 (3) 第4類危険物は、一般に水より軽く水に溶けないので、危険物が水に浮いて広がり、火災を拡大させる危険性があるので、水を使

用することは不適当。

問 13 **(4)** 重油の火災に適しているのは、泡・粉末・二酸化炭素などの消火剤。もし、第4類危険物の火災に強化液消火剤を用いるなら、霧状の強化液での消火が有効となる。

問 14 **(5)** エタノールは第4類の危険物。第4類の危険物に有効な消火剤を選ぶ。(5)のハロゲン化物消火剤は、第2類の引火性固体と第4類、電気火災に有効。

問 15 **(2)** 引火の危険性は、第4類危険物の中で最も高い。

問 16 **(5)** 特殊引火物はいずれも無色だが、臭気を有している。

問 17 **(5)** (1) 水にもわずかに溶ける。

(2) 衝撃によって爆発の危険は大。細心の注意が必要。

(3) 引火点は−45℃、沸点が約35℃。

(4) 可燃性蒸気は高所ではなく、低所に滞留する。

問 18 **(3)** (1) 無色透明だが、特有の臭いがある。

(2) 水には溶けない。

(4) 二硫化炭素は危険物の中でも燃焼範囲が広く、ガソリンより燃焼範囲は大きい。かつ下限値が小さいのが特徴。

(5) 水より重いので、水による窒息消火ができる。

問 19 **(1)** (2) ジエチルエーテルは金属に反応しない。

(3) わずかに水溶性を有するため、水中では保存しない。

(4) 静電気の発生を防ぐためには、逆に流速を遅くする必要がある。

(5) 風通しを良くするための換気は必要だが、発生する蒸気の比重は2.6で、空気よりも重く、低所に滞留する。

問 20 **(1)** 二硫化炭素は比重1.3で水よりも重く、非水溶性である。そのため、水没させたタンクに貯蔵することで、可燃性で有毒である蒸気の発生を防ぐことができる。

問 21 **(2)** ジエチルエーテルの蒸気に麻酔性はあるが毒性はない。また、二硫化炭素の蒸気には毒性はあるが麻酔性はない。

問 22 **(2)** 水にもよく溶けるので、消火方法としても、水溶性液体用の泡消火剤を使う。

問 23 **(5)** 貯蔵する場合は、不活性ガスで満たしておく必要がある。

問 24 **(2)** 引火点が−10℃以下は、二硫化炭素以外にアセトン、酸化プロ

ピレン、比重1以上は他に酢酸（氷さく酸）も当てはまるが、他4つすべて水溶性。水に溶けないのは、この中では二硫化炭素のみ。

問 25 **(4)** (1) 麻酔作用があるのはジエチルエーテル、有毒なのは二硫化炭素。

(2) アセトアルデヒドの引火点は－39℃と低く、かつ燃焼範囲は4.0〜60vol%（容量）と、第4類危険物中最も広いので、ガソリンよりも火災の危険性は高い。

(3) 一般の泡消火剤は不適当。耐アルコール泡消火剤を使う。

(5) この貯蔵の仕方は、二硫化炭素の方法。

問 26 **(3)** 特殊引火物に比べると、燃焼範囲は狭いが、発火点は高いものが多い。ただし、引火点が21℃未満のものなので危険であることに変わりはない。

問 27 **(5)** (1)について、移動タンク貯蔵所へ危険物を注入する際は、(5)のように接地をして、静電気が溜まらないようにする必要がある。

問 28 **(3)** ガソリンの性状は必ず覚えておこう。

問 29 **(4)** (1) 引火点は－40℃以下。

(2) 無色透明の液体だが、特有の臭いがある。

(3) 蒸気比重は3〜4で空気よりかなり重い。

(5) 発火点は約300℃（最小値）で、灯油（220℃）などより発火しにくい。

問 30 **(5)** 氷点下でも引火する。

問 31 **(5)** 水には溶けないので、水溶性液体用ではなく、一般の泡消火剤を用いる。また、水を使用すると火災が拡大する危険がある。

問 32 **(1)** 水には溶けず、エタノール、ジエチルエーテルにはよく溶ける。

問 33 **(2)** (1) 両方とも第1石油類に分類。

(3) いずれも水より軽い。

(4) いずれも静電気を発生、蓄積しやすい。

(5) いずれもエタノール、ジエチルエーテルにはよく溶ける。

問 34 **(1)** 無色だが、特有の芳香臭がある。

問 35 **(4)** (1) 引火点は、ピリジンが20℃、アセトンが－20℃で、ピリジンのほうが高い。

(2) いずれも常温で引火する。

(3) いずれも水に溶ける。

(5) ともに空気より重く、低所に滞留する。

問 36 (3)　トルエンはベンゼンと確かに性状は似ているが、融点が低く通常は固化しない。

問 37 (3)　(1) 果実のような芳香臭がある。

(2) 引火点は－4℃であり、0℃以下である。

(4) 消火には泡、二酸化炭素、粉末、ハロゲン化物消火剤による窒息消火が一般的。

(5) 正しくは比重は0.9で、蒸気比重は3.0。設問の数値はメチルエチルケトンについてである。

問 38 (4)　メチルエチルケトンは、同容量の水を混ぜると二層に分かれるので、非水溶性液体に分類される。

問 39 (1)　次のような表になる。

	ガソリン	ベンゼン	トルエン	酢酸エチル
引火点	－40℃	－11℃	4℃	－4℃
水溶性・非水溶性	すべて非水溶性			
発火点	300℃	498℃	480℃	426℃

問 40 (2)　変性アルコールとは、工業用を目的としたエタノールのことだが、これもアルコール類（危険物第4類）に含まれる。

問 41 (3)　(1) n－プロピルアルコールの引火点は23℃。

(2) アルコール類はすべて水溶性でよく水に溶ける。

(4) アルコール類の中で最も沸点が低いのがメタノール。

(5) エタノールに毒性はない（麻酔性はある）。

問 42 (3)　引火点は11℃、常温で引火の危険はある。

問 43 (3)　Bは水にもよく溶けるので×。Dは燃焼時の炎はメタノール同様淡いので×。Eは揮発性があり、特有の芳香臭がある。

問 44 (4)　酒に含まれるアルコールは、エタノールの方。メタノールには強い毒性がある。

問 45 (5)　(2)の場合、n－プロピルアルコールの引火点は23℃、イソプロピルアルコールは12℃。前者の方が引火点は高く、ゆえに、引

火性は低いことになる。

(5) 消毒剤に使われるのはイソプロピルアルコールの方。

問 46 **(3)** (1) 重油は第3石油類、第2石油類の代表格は灯油と軽油。

(2) 引火点は21℃以上70℃未満。

(4) 酢酸やアクリル酸などは水溶性液体。

(5) 灯油は無色または淡紫黄色、軽油は淡黄色または淡褐色。それ以外は無色透明である。

問 47 **(4)** 灯油、軽油の引火点はガソリンよりも高い。とはいえ、噴霧などによって空気との接触面積を増やすと危険性は増大する。

問 48 **(3)** (1) 発火点は、220℃。

(2) 灯油は無色または淡紫黄色の液体。

(4) 静電気が発生、蓄積しやすい。

(5) 灯油は水に溶けないので、消火には泡消火剤を用いる。

問 49 **(2)** 灯油のような非水溶性の危険物は、電気の不良導体のため、撹拌などによって簡単に静電気が発生し、蓄積してしまうので注意が必要。

問 50 **(1)** 灯油の比重は0.8、軽油は0.85なのでわずかだが、灯油より軽油の方が比重は重い。

問 51 **(3)** (1) いずれも発火点は220℃、ガソリンは300℃。

(2) 引火点は常温より高い。

(4) ともに水に溶けない。

(5) 燃焼範囲はほぼ同じ。

問 52 **(3)** 燃焼範囲は1.3～9.6vol%だが引火点は28℃なので、液温が引火点以上になるおそれがある空気中ではガソリン同様、危険である。

問 53 **(2)** 約17℃以下で凝固するので氷さく酸と呼ばれる。

(1) 強い刺激臭と酸味があり、濃い蒸気は粘膜に炎症を起こす。

(3) 引火点は、39℃である。

(4) 水にもよく溶ける。

(5) 有機酸で腐食性があり、皮膚に触れると火傷を起こす。

問 54 **(4)** 蒸気は空気より重く、低所に滞留しやすい。

問 55 **(3)** (1) 重油、クレオソート油の他、1気圧において、温度20℃で液状であり、かつ引火点が70℃以上200℃未満のものが第3石

油類となる。

(2) 非水溶性のものは重油、クレオソート油、アニリンに加えて
ニトロベンゼン。エチレングリコールは水溶性液体。

(4) ほとんどが比重1以上。ただし重油の最小値は0.9。

(5) 蒸気は空気より重い。

問 56　(2)　第3石油類の定義では、常温（20℃）で液体であることが前提。

問 57　(3)　(1) 重油はわずかに水より軽い。

(2) 重油は褐色、または暗褐色の液体。

(4) 木材の防腐剤になるのは、クレオソート油。重油は内燃機関、
ボイラーの燃料として使われる。

(5) 60℃から150℃は、引火点の数値。発火点は250℃から
380℃である。

問 58　(5)　どちらも電気の不良導体で、静電気を発生しやすい。

問 59　(3)　(1) エタノール、ジエチルエーテルには溶けるが水には溶けにくい。

(2) 常温では引火しない。ただし、加熱により液温が引火点以上
になると危険である。

(4) 毒性がある。

(5) 発火点は615℃、沸点が185℃である。

問 60　(2)　Aの蒸気は有毒なので×。Bは○、Cは還元されるとアニリンに
なるので×。Dはニトロ化合物だが、爆発性はないので×。Eは
○。よって正しいものは2つ。

問 61　(1)　(2) エチレングリコールは、ジエチルエーテルにはわずかしか溶
けない。

(3) グリセリンは、水やエタノールには溶けるが、二硫化炭素や
ベンゼンには溶けない。

(4) いずれも第3石油類の水溶性液体に分類される。

(5) どちらも燃焼温度が高いので、いったん火災になると消火が
困難。

問 62　(1)　引火点が、200℃以上250℃未満のものが第4石油類。

問 63　(4)　(1) 危険物からは除外される。

(2) 第4石油類の主な潤滑油として切削油、マシン油、ギヤー油、
タービン油、電気絶縁油などが含まれているが、これらは用

124

途によって比重、揮発性、引火点などの性質が異なり、一定していない。

(3) 一般に水に溶けない。

(5) 蒸気は空気より軽い。

問 64 （**1**）　(2) いったん火災が起こると重油のように液温が非常に高くなり、消火しにくくなる。

(3) 水には溶けない。

(4) 潤滑油は同じ物品名でも、製品によって引火点に幅がある。引火点が200℃未満のものは第3石油類、250℃以上のものは指定可燃物に該当する（ギヤー油、シリンダー油以外）。

(5) 一般的に粘り気は大きい。

問 65 （**3**）　乾性油のヨウ素価は130以上、不乾性油は100以下である。

問 66 （**5**）　(1) ヨウ素価の高い、乾性油の方が自然発火の危険性は高い。

(2) 燃えているときの液温は非常に高いので、注水すると非常に危険である。

(3) アマ二油は乾性油、ヤシ油は不乾性油、ゴマ油は半乾性油。

(4) 引火点は高いので、加熱しない限り、引火の危険はない。

問 67 （**4**）　アマ二油は乾性油。乾性油は放置すると酸化によって自然発火するおそれがある。それ以外は、原因として直接関係ない。

問 68 （**3**）　(1) ヤシ油は不乾性油だがアマ二油は乾性油。

(2) ともに水に溶けない。

(4) 自然発火しやすいのはアマ二油。ヤシ油はヨウ素価が低く、一般に自然発火しにくい。

(5) ヤシ油の比重0.91、アマ二油は0.93でいずれも比重は1より小さい。

問 69 （**5**）　高圧で水蒸気を噴出させると、静電気が帯電しやすい。静電気の発生を防ぐためには低圧で慎重に行う。

問 70 （**1**）　(1)の運搬容器を横倒しにして運搬することは、積載方法の基準に違反する。容器の収納口は上方を向いていなければならない。

問 71 （**5**）　ガソリンの引火点は-40℃。常温であっても可燃性蒸気は発生している。この場合、可燃性蒸気と混合した空気がガソリンの燃焼範囲に達し、石油ストーブの火に引火したと考えられる。

| 問 72 | (3) | ガソリンは非水溶性の液体であり、電気の不良導体。したがって、固定給油設備等のホースおよびノズルに絶縁体のものを使用すると、静電気の帯電を促進することになり、適切ではない。 |

| 問 73 | (3) | 棒状での強化液の消火は、沸騰した重油を飛散させるため、かえって危険。二酸化炭素、粉末消火剤等による窒息消火が有効。 |

| 問 74 | (2) | 危険物の流出等、事故が発生したときには製造所等の所有者等が、回収装置によって危険物を回収するのが原則となる。消防署員等の到着を待っている間に、火災等新たな災害が生じるのを防ぐためである。 |

| 問 75 | (5) | 比重は、メタノール0.8、シリンダー油0.9、重油0.9〜1.0、ヤシ油約0.9。クロロベンゼンのみ1.1。よって水の比重1.0より重いのはクロロベンゼン。 |

| 問 76 | (3) | 引火点は、ベンゼン−11℃、トルエン 4 ℃、エタノール13℃、重油60℃〜150℃。 |

それ以外の引火点は、
- ●ジエチルエーテル(−45℃)
- ●灯油(40℃以上)
- ●ガソリン(−40℃以下)
- ●クレオソート油(74℃)
- ●酢酸(39℃)
- ●グリセリン(199℃)
- ●軽油(45℃以上)

| 問 77 | (2) | アセトン以外はすべて非水溶性。 |

| 問 78 | (4) | いずれも非水溶性なので、水に浮かない=比重が1より大きいものを選べばいい。それぞれの比重は、トルエン0.9、ガソリン0.65〜0.75、軽油0.85、二硫化炭素1.3、ベンゼン0.9。したがって(4)の二硫化炭素が正しい。 |

| 問 79 | (4) | 水溶性液体は、流動などによって静電気を発生するが、静電気は蓄積されにくい。アルコール類は水溶性なので、答えは(4)。それ以外はすべて非水溶性液体。 |

| 問 80 | (1) | 消火器と適応火災の関係は以下の通り。大型、小型は関係ない。ガソリンの火災は、油火災になるので適応しないのは(1)。 |

- 普通火災に適さないのは、二酸化炭素消火器やハロゲン化物消火器。
- 油火災に適応しないのは、棒状放射の強化液消火器や水消火器。
- 電気火災に適さないのは、棒状放射の強化液消火器、化学泡消火器、機械泡消火器で、それ以外は適用可。

問 81 **(2)** 水溶性の液体は、水に溶けて泡を消滅させることがあるので、水溶性液体用消火剤を使用する。ここに挙げた危険物のうち、アニリンは、水にわずかに溶けるが、非水溶性。アニリン以外はすべて水溶性。したがって正解は(2)の6つ。

解答
3

危険物の性質と火災予防および消火方法

◆主な参考文献および URL

・一般財団法人全国危険物安全協会『令和 5 年度版　危険物取扱必携　実務編』
・一般財団法人全国危険物安全協会『令和 5 年度版　危険物取扱必携　法令編』
・一般財団法人全国危険物安全協会『令和 5 年度版　危険物取扱者試験例題集
　乙種第四類』

本文イラスト・デザイン・DTP 協力
　　　　　　　　株式会社アクト
編集協力　　　株式会社エディット

乙種第 4 類危険物取扱者試験問題集 完全攻略

2024 年 1 月 10 日　初版第 1 刷発行

編　者　　つちや書店編集部
発行者　　佐藤　秀
発行所　　株式会社つちや書店
　　　　　〒 113-0023　東京都文京区向丘 1-8-13
　　　　　電話 03-3816-2071　FAX 03-3816-2072
　　　　　HP http://tsuchiyashoten.co.jp/
　　　　　E-mail info@tsuchiyashoten.co.jp
印刷・製本　　株式会社暁印刷

落丁・乱丁は当社にてお取り替え致します。